成为你自己

管她什么完美

走老路到不了新地方

汤　蓓——著　李尚龙——监制

電子工業出版社
Publishing House of Electronics Industry
北京 · BEIJING

序一

李尚龙

我已经很久没给人写序了。但汤蓓的书，我不能错过。

汤蓓是一个又知性又知情的女生。我们认识很久了，记得第一次相遇是在一场活动中。她很清瘦，说话却铿锵有力；个子很高，声音却稳重得很。后来我才知道，她是中传播音系毕业的，那种魅力，从内到外。

在那场活动之后，我们忙于自己的事情，很少相见。直到有一次，我在一个视频网站上看到一个人讲女性成长，瞬间就惊呆了，因为就在当天，一位女性朋友问了我一些关于女性成长的问题，而我完全不知道该怎么回答，于是喝了两杯，应付了过去。

就这样，“刷”了半天，我才忽然如梦方醒，想起这个人我竟然认识，这不就是汤蓓吗？！我是多么“脸盲”！后来才明白，也并不是我“脸盲”，而是她的才华在我心里已经盖过了她的外表，才显得外表竟然如此苍白。

我给她发了条信息，又继续“刷”了起来。

我之所以“刷”了她的视频那么久，是因为我的很多学生都是女孩子，每次她们问我女孩子的问题，我只能要么微笑摇头，要么遗憾地告诉她们：我也不太懂。我不懂并不是因为我不读书，而是现在市面上没有什么讲女性成长的好书，我们从何得知一个女孩子在婚前、婚后，当妈妈前、当妈妈后，工作前、工作后有什么变化，以及应该怎么做？

得知她要把那些她想到的、想明白的写成书，我第一时间决定参与她这本书的创作。

因为从某个层面来说，参与这本书，我也可以学习很多在未来可用到的知识。

读了这本书后，我才慢慢明白，和很多女孩子一样，汤蓓也并不完美，她无非是在这个高速发展的时代艰难地平衡着，无非是用尽全力关注着自己的美好，无非是在这“破碎”的世界里努力着。这和我一样，和每个年轻人都一样，虽不完美，但还在前行。其实，这世界上没有谁是完美的，所以，管她什么完美，完成比完美重要多了。

汤蓓在跟我学写作时问过我：“写作最难的是什么？”

我说：“解剖自己，让人看到自己的血和泪。”

从这个角度，你应该看看她的这本书。

这是一个今天在北京活得很爽，但当初却一无所有地来到这座城市的普通女孩子的血泪和教训，她用事实告诉你，就算不完美，也能有自己的美。

如果你还处于 20 多岁迷茫的日子里，不妨读一读本书，那些相似的青春，总能给你无限遐想和美好。完美不算美，内心充盈和丰盛，才是最美的。

谢谢汤蓓给我们带来了这本书。你是最美的。

2020 年 4 月 20 日于北京

序二

王小列

看这本书的过程，基本上是重整审美的过程，被一个风轻云淡的女孩子“忽悠”得竟然在不自觉中接受了她书中灌输给你的“人生自定义设置”。

在我和汤蓓第一次相遇时，她并没有留给我什么深刻的印象，因为我们没有什么交流，我已经说不出那是在什么时候、都有谁在场了。有印象的一次是在 2019 年的年末，我和尚龙的一些朋友聚会，其中也有汤蓓。这一次对她有印象，是因为她就坐在我的旁边，她的特征可以概括为高、瘦、白，记得当时在饭桌上无聊，我们还交换了一些写书的心得。

在那次聚会上，尚龙鼓励我开始写我的第二本小说，同时我也得知汤蓓正在写自己的第一本书。在我的直觉中，她的书应该是励志类的，和现在的很多“鸡汤”差不多。

时间一转眼就过去了好几个月。2020 年 4 月初，汤蓓忽然发给了我一个文件，打开一看，是她书稿的梗概。几天后，她问我看没看她发给我的梗概，并且表示她很担心这类书会没有人看，不像小说那么好卖，我善意地鼓励她："我觉得应该会有人喜欢。"

昨天收到汤蓓发给我的"热气腾腾"的全稿后，我开始认真地阅读她的作品，我能感受到书中的每一行字都奔腾着作者活跃的思想，洋溢着作者强烈的表达欲望！到这时，我才发现我是多么敷衍地夸了她的这本书！相对于我今天的阅读感受，我对我随意的夸赞感到不好意思和些许歉意。

在阅读这本书的时候，我感受到了作者的真诚，真诚地在读者面前褪去了自己所有的包装，从内而外地把自己袒露给了读者，这种真诚让我们看到了：今天，一个优秀的 80 后女孩子已经很难被击垮了，她有坚强的信念，坚信老天爷留给自己的一定是最好的，她已经做到了"柔如水，坚如刃"。

无论是在书中反思自我，还是探究两性关系和亲情关系，总之，一个女孩子在成长中所能遇到的几乎都涉及了，字里行间洋溢着坚定、开放和动人。

我们很容易就习惯于一般性的具有共识的大众审美，很快就会忘记那些曾经感动过我们的独特的魅力。

《走老路到不了新地方》的感人之处就在于：它提醒了我们，

审美是没有统一标准的！我们常常会忘记：我们也曾经被漂亮的、满脸雀斑的女孩子所打动，被舞蹈演员的长脖子曲线所感染，那些曾经感动过我们的并不是单一的美，而是独特！汤蓓让我们知道，人生不仅仅只有一种“标配”，人生是可以根据自己的喜好“自定义设置”的；性感也不仅仅是丰乳肥臀，雀斑、平胸也是一种性感……

阅读中，我们会发现，我们正在学会辨别什么是别人眼中的“我”，什么是“我自己”。

结果，看这本书的过程，成了我开始认识汤蓓的过程。

我诚挚地向大家推荐这本书的原因，正如她曾经做过的一次演讲，主题就是“如何活出高级感”，我希望每一个读者都能够把自己的生活“活出高级感”。

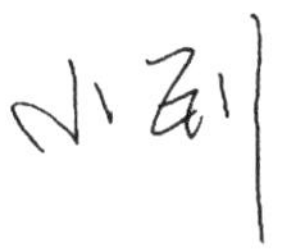

2020 年 4 月 23 日于北京

序三

汤蓓

如果你觉得你的生活不是你想要的，那么一定是你自找的。

我在第一次考中国传媒大学的时候，拿到的面试题是四个字——面面俱到。虽然我不喜欢这个词，但当时的我，对于这个词的理解就是完美——完备美好。和很多人一样，那时候的我急切地在追求一种“标配”的生活，要做人生赢家，要在人生清单上迫不及待地打钩。所以，30 年来，只顾低头赶路，却没有想过为什么要赶路，为什么要赶这条路。

我对完美的误解太深了，天真地以为只要尽力“周全”了外界的评价、期待和标准，自己就会幸福，所以嫌弃自己的平胸和雀斑，在关系中妥协、退让，总是对未来充满焦虑。结果，我却离幸福越来越远，直到抑郁。

我对完美的渴望恰恰是我痛苦的来源：

不愿承认和接纳自己不好的一面，对外貌苛求，对欲望鄙视；

想要在所有关系中满足别人，对自己是压制，对别人是压力；

对未来的不确定充满担心，放眼未来，凑合当下，拼命想抓住机会，却总是事与愿违。

泰戈尔在《飞鸟集》中写道："如果错过太阳时你流了泪，那么你也要错过群星了。"

我所谓的"完美"，是一道加法题，想要的太多。这样的"完美"不是将优势放大，而是要将劣势弥补，以牺牲某种优势的方式达到全面圆满，但其实，人总有自己的短板，是花再多的力气都无法擅长的。比如无法改变的身高，比如不适合的关系，比如没有天赋的职业。

"完美"是一件穿在"贪婪"身上的外套，生活需要的其实是做减法，放过自己，放弃完美，放下无谓的执着，管她什么完美呢，周全不了别人，就周全自己。

学会和自己的欲望相处，并且敢于说出"我想要什么"。

要脱下"完美"的外套，面对自己的"贪婪"，欣赏自己的欲望。人如果不理解自己的欲望，就可能永远无法从桎梏和恐惧中解脱出来。我们想要掩盖的欲望，其实就是我们的生命力。如果我们摧毁自己的欲望，可能也就摧毁了自己的生活。如果扭曲它、压制它，摧毁的可能是生命非凡之美。

对自己改变不了的事情接受，对自己能够掌控的事情尽力，活在当下。

不需要靠外界的褒奖来获得认同，也不需要靠贬低他人彰显自己的价值，理智、公平、有担当，清楚什么可为、什么不可为。对内安顿好自己，对外适时周全，活得有边界。

说起来好听，做起来难。

这本书写到一半时，我的老毛病又犯了，听了太多意见，一度写不下去，从 2019 年 12 月拖到了 2020 年春节，直到快 2 月底了，才发觉离约定出版的日子越来越近！管她什么完美呢，先完成再完善，自己一个字一个字敲出来的快乐和痛苦，干吗要在乎别人的评价呢？

还好，顺利完稿了。

这本原本打算送给自己 30 岁的书，迟了一些，不过管它呢，没有人不会年老，但只要愿意，你可以一直年轻。

这本书的完成，要特别感谢李尚龙老师。一年前的春天，他居然鬼使神差地让我写《人设》的读后感，如果不是那篇《不听话的女人》，我就不会写公众号；如果不写公众号，我就不会发现写作原来是这么快乐的一件事！这一切的一切，都怪《人设》太好看了！感谢李尚龙老师带我走上“人设崩塌”之路，以及在本书写作过程中对我的无私帮助。

感谢老张——我老妈，勇敢做自己。

感谢小爱、“蜡笔小新”和老爸，提醒我勇敢做自己。

谢谢我自己，不完美也怪美的。

2020 年 4 月 24 日于北京

目录

与自己握手言和

重新认识关系

目录

与自己握手言和

与自己握手言和

曾奇峰说："活着实际上是一门专业，每个人都应该成为自己活着的专家。"

接纳自己的第一步：放下完美执念，成为自己。我们常常听到有人讲"要成为更好的自己"，但实际上却是，我们还没有"活成自己"。自我实现听起来好美，实践起来荆棘遍地。"我"太复杂了，黑与白，好与坏，快乐和痛苦，完美无缺和支离破碎，就像一幅太极图，相互依存、难以分割，而我们总想只要好的那一半，却无法对另外一半坦然接纳。这时候我们要做的，就是坚持从自己的感觉出发，尝试去连接，觉知自己的自卑、懒惰和阴暗，审视自己的恐惧、怯懦和妥协，与自己的"黑暗"和平共处，与自己的负面握手言和。

我花了30年才站到起跑线

人们常说“三十而立”，放到现在这个时代，我一直认为其大概意思是说：人到了30岁，应该成家立业，有一份稳定的工作，有一个美满的家庭，有属于自己的房子和车子，还有一定的储蓄可支配。

20多岁的时候，我也以为30岁我会“成家立业”。可是，等真的到了30岁这年，别人是贷款买房，而我是贷款买羽绒服！我的生活过得像一团乱麻，四面楚歌，一地鸡毛。

首先是穷。离开电视台不久，我便掏出所有积蓄与伙伴开了一家培训机构，最紧张的时候，我支付宝、微信、银行卡的所有余额加起来，都不到 2000 元。那是我印象最深的一个春节，快过年的时候，我妈问我过年准备得怎么样了，我说都差不多了，还想做个美甲，我妈头都没抬就说，那就做呗！我想了想自己的钱包，说："还是不做了吧，最少也得两百块呢！"我永远都忘不了我妈当时的眼神——她听到我的回答后，眼中闪烁着激动的喜悦说："我的天哪！我女儿也有因为两百块犹豫纠结的时候？看来创业是真把你掏空了啊！来，妈给你一千块！"钱收了，但指甲没做，还是舍不得。我妈不知道，我这种资金紧张的状态持续了大概一年，到那年年底的时候，我连羽绒服都是按揭购买的！

其次是亲密关系糟糕。父母的感情破裂，我自己也遇到了感情上最严重的危机。加上那时候因为要租商铺，我几乎每天都会去北京各个区看场地，还要写教材、开策划会。当时的我，刚刚从全职妈妈过渡到工作状态，三年的主妇生活已经将我的身体和经济能力掏了个干净，没有稳定收入，没有房产，就像一根蜡烛被火两头烧……

最后是自我怀疑。从小我都是"别人家的孩子"，听话，孝顺，懂事，一直不负众望地按照长辈的期待成长、成家。从求学到工作，再到结婚，从没让父母操过心。可是 30 岁这年，我突然发现自己的生活好像不是自己想要的！从小按部就班长大，每一步都很稳妥，按照父母的期待描绘未来，可为什么我会如此厌恶这样的生活呢？

一切都只是“看上去很美”。

完整的原生家庭，优秀的履历，疼爱自己的老公，可爱的女儿，在北京有房有车，一切看上去都“完美”极了。

可是，在这个“完美”的“人设”下，是一堆身份堆砌起来的“我”：好女儿，好学生，好妻子，好母亲。唯独没有我自己，在我的身体里，自己被挤压得几乎没有空间生存。我一直按照社会的标准、长辈的期待在过自己的人生，却从来没有想清楚自己想要什么样的人生，也没有勇气为自己想要的生活去争取、奋斗。

我所厌恶的每一件事情都是“女孩子天生就该做的事情”，为了这个“标配人生”，我像一只不知疲倦的陀螺，看上去忙忙碌碌，其实一直在原地打转，仿佛有人给了我一张人生清单，我努力把清单上的选项都打上了钩，却唯独没想过这些选项是不是自己需要的。在 30 岁这年，我突然明白过来，我痛苦的根源在于：我不想要“标配人生”，我想要的是“自定义设置”。

婚姻的意义是什么？人一定要结婚吗？

生孩子的意义是什么呢？每个人都需要后代吗？如果在没有任何准备的情况下有了孩子，该怎么办呢？如果一个人自己还是个孩子，连自己的生活都没过明白，如何对另一个生命负责任呢？

为什么一些结婚后的女性看上去很暗淡？她们困在家务和带娃中间，她们的梦想呢？还能继续求学吗？

如果已经结婚生育，还有可能实现人生的“自定义设置”吗？家庭会成为个人发展的绊脚石吗？

这些我从来没有仔细思考过的问题，以难题的形式在30岁这年一个接一个地砸了过来，既没提前“打招呼”，也没给我任何提示。我很困惑，会不会有人和我一样经历着这些煎熬呢？

这个时候我才明白，所谓的“三十而立”，其实并不是说成家立业，而是说：一个人到了30岁，应该有自己的思想和主见，对自己有一个基本全面的了解，能依靠自己的本领独立承担自己应该承担的责任，确立自己的人生目标与发展方向。

真的“三十而立”，并不是指外在的物质基础，而是指一个人的“内核”，在立身、立业、立家等方面有明确方向。

立身，就是对自己有一个较为全面的了解，有独立的思想和见解，清楚自己的优势，承认自己的不足，并且明确为人处事原则，做人有底线；

立业，就是确立自己所要从事的事业方向，知道自己能力的边界，发掘自身天赋和优势，对自己有清楚的职业规划；

立家，并不是指结婚成家，而是对人生伴侣的选择有一个方向。

说白了，“三十而立”就是确立自己的人生观、世界观、价值观，是一个人 30 岁后人生的基本框架。想通了这一点后，我开始知道自己想要一个什么样的生活了，接下来，只需要一场接着一场的“人设崩塌”，重构自我，迎接新生。

每当我看到那些被世俗和年龄赶进婚姻，在“一地鸡毛”里耗光自己的快乐和灵气，眼神里都是哀怨的女生时，我都会想我应该过什么样的生活。那么多人都在追求“标配”的人生，可明明高端玩家都是“自定义设置”啊！想要拥有一个自己说了算的人生，只能亲自创造。

如果一个人能够超越主流价值观的“捆束”，看清自己的恐惧，也安心享受自己喜欢的、单纯至简的生活状态，那么结不结婚，生不生孩子，又有什么关系呢？这世上从来没有一种生活方式，是你必须选择的。

30 岁，我才算是站到了自己人生的起跑线上。生活属于每个人自己，不必太顾及别人的看法。

30 年来，我都没有正视自己内心的需求，而是按照别人的期待过自己的生活，怕表露自己的想法，怕自己无法承担后果，以至于一直活得像个假人，既扮演不好别人，也委屈了自己。

治愈自卑的不是自信，而是接纳

七岁的汤小蓓打死也不会想到，困扰她整个童年的雀斑和平胸，日后会成为她自己鲜明的特点。

———

从小我都是一个特别自卑的人。我的自卑源于对自己身体的不自信：雀斑和平胸。整个童年时期和少女时代，我最大的心事就是这个。

刚上小学的时候，我的梦想就是做一名主持人，但是因为脸上有雀斑，我从不敢和任何人提起这个梦想。原因很简单，我怕别人笑话我，认为我痴人说梦。那时候，我看电视里的主持人都是白白净净的，而我的脸上却有许多小雀斑。

小时候傻呀，不知道这个世界上有种叫“粉底液”的东西，以为所有的主持人都天生白净，所以我一度认为自己可能这辈子都没有办法做一名主持人了。为此，我伤心了很久。

更气人的是，雀斑长在脸上，遮盖不了，所以总有人会问我脸上长的是什么。最崩溃的是，第一次见面的陌生人有的会直截了当地问我脸上是什么东西！还能是什么呢？难道是陨石吗？！这种不礼貌的问候总让我感觉被冒犯，一般我都会用我妈教我的方法怼回去：“是福点点！我妈妈说了，点点越多，福气越多！”

关于雀斑，陌生人的问候我还勉强能“消化”，可对于来自好朋友的问候我就难以淡定了。我有个发小叫谢沛，是我最好的朋友，我们俩从小形影不离，几乎是“连体婴儿”。有一年的春季运动会，因为没有报名参加比赛，我俩就坐在观众席上聊天，聊着聊着，她盯着我的脸问：“你脸上这个圈圈是什么？”

我当时那个愤怒啊！几乎是吼出来了一句话：“你不知道这样问一个女孩子是很不礼貌的吗？！”

我至今都记得她的表情，一脸愕然，完全不知道自己做错了什么，也不明白我为什么会突然发火。然后，我就丢下一脸疑问的她回教室了。直到 20 年后，她都能回忆起那个场景，因为那是我唯一一次对她“咆哮”。而我则是在 20 年后才跟她解释了原因。

心理学家阿德勒在《自卑与超越》一书中讲过一个故事。

有三个孩子第一次去动物园，同时看到了狮子，狮子牙尖嘴利，这三个孩子有完全不同的三种反应。

第一个孩子——躲在妈妈身后，害怕，偷偷探出小脑袋看狮子；

第二个孩子——装作不害怕、满不在乎的样子，甚至气鼓鼓地说："我一点都不害怕！"

第三个孩子——捡起石子去砸狮子，一边丢石子一边吼道："你来咬我呀！"

你觉得哪个孩子怕狮子？

答案是三个孩子都怕。

阿德勒之所以拿孩子举例，是因为孩子代表人的天性，这三个孩子见到狮子的反应，就是人面对恐惧的三种自然反应。有人会说，第三个孩子不怕，但其实第三个孩子也很怕，只是他表现恐惧的方式是攻击，就像当年的我一样，我害怕被人拆穿、说破，所以我会愤怒、生气，会攻击对方。

从个体心理学来讲，人人都有自卑感，只是表现形式不同而已。自卑源于对自己不满意。这三个孩子见到狮子的故事，和自卑有什么关系呢？它反映着一个人在面对挑战和困难的时候，发自内心的自卑让他采取的自我保护机制及其表现出来的方式，也就是自卑的表现。

我因为小雀斑对自己很不满意，尤其是和电视上那些白净漂亮的主持人相比，我就像个丑小鸭，所以在别人说起小雀斑的时候，我会非常生气，并回怼对方。

真的是你在乎什么，什么就会折磨你。

雀斑的事情还没解决，另一个麻烦又来了。从小学升到初中，别的女孩都开始发育，而我的胸前一片“平坦”，没有任何隆起的迹象。等到初中毕业，我才知道：原来这个世界上有种发育叫“平胸”！

到高中的时候，别的女孩都开始穿文胸了，而我却还在穿儿童纯棉背心！我好几次向我妈提起买带海绵垫的背心，都被我妈以“没必要”为由给生生堵了回来。因为平胸，我常常弯腰驼背，以为这样挡着点，别人就看不见我平胸了。我真是太天真了，这么做不仅没用，还“收获”了一个副作用：驼背。

有一次早操跑步结束，同班几个女生讨论“摩擦”的问题，说不穿文胸的话，跑起步来晃来晃去，胸部和衣服之间摩擦会疼。我下意识感受了一下我的胸部，并没有任何不舒服的感觉，这件事让我很沮丧。但很快，我就兴奋了起来，因为这是一个让我妈给我买文胸的绝好理由！

于是，在高一那年的初冬，我拥有了人生中第一个文胸，终于可以抬头挺胸了！

平胸最大的好处就是，可以通过穿厚内衣来伪装；不像身高，穿了高跟鞋还是能看出来实际身高。所以，那时候的我，总会买那种很厚的海绵垫内衣。海绵垫就是我的“自信”和“尊严”。有了厚内衣，我也可以昂首挺“胸”加入到女孩们的“摩擦”话题中了。一颗自卑的心在厚厚的海绵垫下强颜欢笑。

随着年龄增长，当别的女孩是从“小馒头”到“大馒头”的时候，我是从“飞机场”到“小馒头”；当别的妈妈是从“大馒头”到“菠萝包”的时候，我是从“小馒头”到“葡萄干”。自卑如影随形，跟着我一起“成长”。

和大学室友一起洗澡，她总嫌弃我“背对”着她，还问我“背上”为什么有那么对称的两颗“痣”；

不小心被人撞到胸部，别人是被弹开，到了穿着厚内衣的我这里，则是内衣会凹陷进去，我还得找个避人的地方把凹陷的内衣挤回原样；

走路的时候不敢昂首挺胸，怕暴露缺点，驼背变成了平胸的另一个名字。

不知道其他的平胸女孩是不是和我一样：吃过木瓜，喝过牛奶，抹过精油；在买内衣的时候总买很厚的海绵垫内衣，还要有聚拢效果的那种，一定要在自己胸前撑起两座“假山”，这样看起来才会有一点曲线；即使是38摄氏度的桑拿天，也会穿着厚厚的海绵垫内衣。脱掉内衣的平胸女孩，就像在“裸奔”的少女。

对外表不满意，常常是一个人自卑的来源。比如，男生会在意自己的身高，女生会在意自己漂不漂亮。对于青春期的孩子来说，经营外表，往往是寻求认同、建立自信的第一步，只有顺利度过外表这关，才能开始对内心的探求。而当年的我自己，经过漫长的探索和纠结，最后竟然是因为爱情，打开了自卑的心结。

大学的时候谈了一个男朋友，有一天他跟我说：“你长得挺漂亮的，身材也不错，如果脸上的小雀斑去掉的话，会更好看、更完美。亲爱的，我们周末找个时间去美容医院看看吧。”

然后，周末的时候他就成了我的前男友。

说不上来为什么，但就是觉得走不下去了。

感谢粉底液的发明者，毕业后我如愿做了一名主持人。一天，审片的时候，领导跟我说：“你这么瘦，但是脸却比身体胖，如果你能打一剂瘦脸针，以后上镜效果会更好，未来的路也会走得更远。”一个想法在我脑子里一闪而过：打一剂瘦脸针，再把雀斑去掉，顺便再隆个胸，我是不是就会变得更好？

但这个想法只是一闪而过，说不上为什么，想法没办法变成行动。

直到多年后，我在街头偶遇了分手多年的初恋。我们重新在一起后，我终于知道了为什么。

有一天，我在睡觉，睁眼的时候发现他正在盯着我看。他离我很近，脸几乎都要贴上了我的脸，仔仔细细地在端详着什么，也不知道趁我睡着看了多久。他说：“你知道吗？你脸上的小雀斑特别可爱，就像‘蒙奇奇’一样，这些小点点连起来就是你独特的‘地图’。”然后，他还给我买了很多“蒙奇奇”。

仿佛就是这一瞬间，困扰我整个少女时期的自卑被治愈了。雀斑和平胸，我内心大战三百回合的自卑与纠结，在一个爱我的人眼中，居然是个优点？！

从那一刻开始，我意识到，原来你身上所有的不完美，在完全接纳你的人眼里，都是优点。比如，他会说：

“你不觉得微乳很高级吗？多美啊！”

“小雀斑多可爱，这就是你独特的‘地图’。”

“你头真大，脖子又长又细，身材也瘦长，看起来就像一个棒棒糖。”

我终于明白了之前说不出为什么的原因，那就是“接纳”。一个人，不可能只依靠漂亮“人设”吸引对方。从那一刻开始，我因为一个爱我的人而真正接纳了我自己。

治愈自卑的不是自信，而是接纳。自卑就像是一种情绪，我们需要从中走出来，而不是去除它。我学会了和自己的自卑相处，相处就是面对它，观察它，然后打破它，这样就完成了自我超越。

在人的成长中，当自身的价值体系还没有建立起来的时候，大多数人都是通过别人的认同来确认自己的。如果身边有很重要的人赞美和肯定他，比如父母、朋友、爱人，那么他就会认为自己是好的、美的。所以，原生家庭中父母对孩子的赞美和肯定很重要，它会让孩子确认自己是好的，是值得被爱的。这对自信的建立尤其重要，虽然我妈教我怎么回应别人的问题，但这只是一个处理方法，根本上她还是认为有雀斑是个缺点，所以我一直对雀斑耿耿于怀。

假设把来自外界的评价比喻成镜子，那么在所有镜子里，其中一面镜子会对人产生巨大的影响，这面镜子就叫作“权威”。如果“权威”对你说：“你是美好的。”那我们就会觉得自己是美好的；如果“权威”对你说：“你很糟糕。”那我们就会觉得自己非常差劲，不配得到美好的事物。这对一个人的破坏力极大。

我有一个好朋友叫贺勋，她是一个演员。我们总是惺惺相惜，很重要的一个原因是：同是天涯“平胸人”。我们对于平胸带来的磨难总是能有很多共鸣。但她比我厉害多了，因为很多人第一次见她，都分不清她是男是女。

贺勋不是世俗眼中的美女，细眼睛，小雀斑，面部轮廓分明，颇具东方特色，而且她身高176厘米，所有见过她的人都会对她过目难忘。在试镜《一代宗师》的时候，王家卫对她的评价是：这个女孩太有个性了！

我第一次见她是在《前任攻略》里，她饰演和韩庚、郑恺约会的双胞胎里的妹妹，虽然只出场了一会儿，却成为整部电影最大的亮点，太有辨识度了！角色被她诠释得特别有戏剧魅力。因为独特的外形，她还出演了电视剧《小女花不弃》里的贪财老板娘金仙玉、电视剧《破冰行动》里的霸气黑帮关欣等角色，这些角色都是颠覆传统女性形象的“狠角色”，不温柔，不漂亮，比男人还“男人”。看她的剧，打开弹幕，会有很多网友说她“丑”，所以我常常在想：这个女孩内心得多强大，才能“消化”

这些负面的声音？

贺勋给我的回答特别直接：不自信，但觉得怪怪的挺有意思的，如果长成大众化的脸，即使漂亮，可能反而会失落。

这个回答特别有意思：

我确实不自信；

但我接受自己的长相，也接受不自信；

我发现了自己独特的美。

当我问她怎么面对外界的评价和攻击时，她说："就笑笑啊，有时候觉得挺搞笑的，是发自内心的笑。看我的戏，看弹幕中有人说'辣眼睛'，我就觉得这人挺有意思；还有人说像开了特效，我都笑喷了，觉得他脑洞好大，并没有觉得对我有什么伤害。"

当我惊讶于她能如此风轻云淡地看待这些评价时，她接着说："好像一开始也没那么在意别人对我外貌的评价吧，可能是老天眷顾我，在我懵懂没有分辨力的时候，让褒贬声同时出现，夸我的都是大师级别的人物，王家卫、吕克贝松之类的，还有好多设计师说'哇，你好特别'。所以，我的意识里种下了好的'种子'。当然，也有建议我整容的，但我坚信老天给我的一定是最好的。"

因为这些大师的欣赏和肯定，贺勋完全接纳了自己。看似轻松，其实过程是很漫长的。贺勋在跟我聊天时说：

“这么多年，我的确很痛苦，我身处底层，听到的都是不太认可我的声音。但我知道，高处有我的一席之地，只是我身处断层，没有链接。我跑组的时候还有人经常说，你用粉底遮遮啊，打白点，遮一下雀斑。但我好像一直知道自己要什么，好像也知道一些事还没到时间。”

贺勋的故事对我的启发很大，她也遭遇了否定，在面对自卑的时候，她的反应并不激烈，而是非常云淡风轻，这让我发现：其实事情本身不会伤害人，只有人对事情的解释才会伤害人。所以从本质上讲，这个世界上没人可以伤害你。所有的伤害都是你自己在伤害自己，因为是你定义了这个事情。

你怎么定义事情，这件事的定义就会反过来对你的大脑产生对应的反应。当你定义了这个事情是伤害时，它才会是伤害；而当你定义这个事情不是个事儿时，这个事情对你就没有伤害。

贺勋是我见过的少有的不焦虑的人。她话不多，有些腼腆，但内心十分丰沛。也是因为她，让我觉得，女性的魅力可以那么多元。她糅杂了中性之美，在她身上可以同时看到力量和美。在整容特别容易的现在，她选择坦然接纳自己。我并不反对整容，认为整容只是一个人选择变美的方式而已。但贺勋的坦然和接纳，让我觉得有一种扎实的美，这种美不是皮相之美，也不是故作坚强，而是因为全然拥抱“缺点”而散发出来的坚定之美，她是开放的、勇敢的、动人的人。

她的美丽，不需要世俗的定义；她爱的，就是她的特别。

这样的故事肯定还有很多，在我们的文化中，审美相对单一，多数人都在追求肤白腰细胸大，对于像我和贺勋这样的女孩来讲，也许我们的美“超纲”了，但并不妨碍我们对于自己的认同，并且因为勇敢表达，会让更多对此困扰的女性得到安慰。

2018 年春天的时候，我参加过一个即兴演讲挑战，就是那种没有任何准备时间、听到题目立马开始演讲的活动。我即兴演讲的题目叫“如何活出高级感”，其中分享了自己的平胸故事。我在演讲中提到，对于我来说，活出高级感就是接纳自己的不完美，并在不完美中发现美。平胸就是一种很高级的美。这是我第一次在公开场合这么坦诚地表达自己的心声，没想到这一次勇敢的表达，竟然影响到了一位女企业家。

一个月后，我参加“遇言不止”的活动，遇到了之前听过我演讲的那位女企业家，她叫寿芳芳，白手起家在北京创业，目前拥有一家叫海跃润园的公司，是一家专注于建造别墅花园的企业。活动结束后我们一起吃饭，她跟我说，自从上次听完我“如何活出高级感”的演讲，回家后她就把家里所有的厚海绵垫内衣都扔了。扔了之后，她说她的内心忽然轻松了好多，她不想再自欺欺人了，平胸就平胸吧，别人在不在意没那么重要，自己舒服健康才重要。

听到她说这番话，我突然热泪盈眶。

因为她的这番话，我也更加肯定自己当初的坚持是对的。即使我已经坦然面对自己的不完美，也还是需要反馈来告诉我：你不是一个人，你的分享会让更多的人有力量。这样的反馈，让我越来越勇敢，也越来越喜欢自己。

世界是多元的，美也是。

雀斑和平胸，谁能说它们不是一种美呢？

为什么不可以自己定义美呢？

如果说丰乳肥臀是一种性感，那么微乳就是另一种性感；

如果说白白净净是一种漂亮，那么雀斑就是另一种漂亮；

如果说长发飘飘是一种美丽，那么短发就是另一种美丽。

反正我从没听过，关于“美”，在哪本书里有标准答案。

意识到很容易，但一个人真正接纳自己是很困难的。很多人都有这样的经历：拍合照的时候，总觉得自己最丑，自己脸最大。但其实根本就没人在意你脸大不大、你美不美，因为人的焦点都在自己身上，从头到尾都只是你自己在和自己较劲。有时候，我们比任何人都更嫌弃自己。

直到现在，还是有很多朋友建议我祛斑，我都婉拒了，因为我现在觉得自己美“炸”了，好吗？！

我说我不在意这个事情，是真的不在意了。

并不是因为有了爱我的人，不用去在意了，而是我完全接纳了。当我不再因为外貌而纠结、自卑的时候，我的内耗开始变少，开始不在意别人的看法，而有了更多的能量去探索外部的世界。这个时候，自信悄然来临，自然而然到不需要什么事情去验证自己的自信了，而是“润物细无声”地渗透在生活的小细节中。我开始不怕拒绝别人了，快乐开始变得容易了，好像没有什么做不成的事情，觉得自己充满了能量，像一条流动的河。接纳像启动能量的开关，打开了一个未知的自己。

我为什么要按照别人的审美苛求自己呢？

美是多元化的，没有标准答案；即便我因为别人的建议改变了自己的外形，也不可能让所有人满意，况且让别人满意对我有什么意义呢？我首先要做的是让自己满意，接纳自己，喜欢自己，成为自己。而“成为自己”这件事，只有一次又一次地摸索和接近，才能一点点勾勒出关于“自我”的地形图。这个过程，需要漫长的时光将自己打碎重组，拆分升级。可能在外人看来，我和平时没什么两样，但我自己知道：

全新的未来，已经到来。

有一种饿，叫你妈觉得你饿

你见过因为吃得太多住院的人吗？

我就是。

那是我打记事起唯一一次住院——急性胰腺炎，原因是吃得太多了。那天是 2013 年大年初二。前一天晚上，吃晚饭时我有点撑，剩了一点饭。和平常一样，在我妈的要求和催促下，我硬撑着把那些饭吃完了，晚上 12 点多就开始上吐下泻，于是我就被送进医院了。

那天很有意思，原本我以为大过年的，医院里没什么人，不用排队就能顺利看病。结果，在进医院的那一刹那，我就蒙了：简直像踏进了菜市场，熙熙攘攘，人声鼎沸。最糟糕的是，我又拉又吐，已经没有任何力气，恶心和头晕让我站立不住，只能在走廊里贴着墙靠着。做完检查，拿到化验单后，医生把我叫进去说：“姑娘啊，虽说是过年了，也不能暴饮暴食吧？你是吃了多少哇？急性胰腺炎了都！！少吃点！”

随后，我被拉去输液室打点滴。旁边一个小伙子瞅我半天，问道：“大姐，你也喝多啦？”我没理他，他接着说：“这大过年的，全是喝多了的，我就是喝出胃出血了。你看见刚刚救护车送来的那位没？都喝休克了！”我抬起眼皮看了他一眼说：“我是吃多了！”这小伙子足足看了我半分钟，愣是没说出一句话来。我真是哭笑不得。

我能回忆起来关于吃饭的记忆，从小到大都是：即使不饿，我也会按时按点吃饭，而且几乎从不剩饭。看到这里，你肯定以为我是一个极注重饮食的人，但其实，我对吃没什么执着。前几年流行一个词叫“吃货”，有朋友经常为了吃到某个东西跋山涉水去找，我特别无法理解，虽然我因为瘦所以吃东西从来不节制，但也很少为了吃什么大费周折，直到有一天“蜡笔小新”对我说：“因为你对吃根本没兴趣啊！”

我恍然大悟：还真是。

我从两三岁有记忆开始，脑海中的吃饭场景就是：我妈端着饭碗追着我跑，用尽各种方法就为了让我多吃一口！而我整个童年的智商，都用在了怎么少吃一口上：往下水道倒牛奶，把“娃哈哈”倒进树坑，趁我妈收碗求我爸吃我的饭……一碗面条可以吃一个小时，吃米就是数米粒儿。小时候吃的饭，几乎都是凉的，因为磨蹭的时间太长了。

其实我吃得不算少，甚至在南方人看来，我的饭量实在太大，可是我一直想不通自己为什么总要在吃饭这件事上较劲。

后来，我才明白，真实的原因是：我是为我妈吃饭，而不是为我自己。

吃饭慢是因为我根本不想吃，但是小时候的自己太弱小，没有反抗我妈的能力，所以就用行动的缓慢来表达不想吃饭的意愿，磨磨蹭蹭，直到耗尽我妈的耐心，我就可以达成自己不吃饭的目的，把冷饭倒掉。

只要是正常人都会明白，吃饱了感觉很好，可是吃撑了很难受。但问题是，我说吃饱了没人相信，我的饭量不是以我自己的感觉为标准的，而是由我妈——抚养我的人决定的。只要她觉得我没吃饱，我就得继续吃，即使我表示我已经吃饱了，她也会自动忽略，因为她觉得我太瘦了，只有多吃东西才会胖起来。

所以，从小不管饿不饿，我都会按时按点吃饭，不剩饭，尽量多吃。一个原因是多吃我妈会高兴，另一个原因是我相信了我妈的话，觉得只要多吃就会让自己长胖。

我身高 169 厘米，体重 80 斤，而且这个体重，基本上 15 年没有变化过。

2013 年得胰腺炎之前，我一直不觉得哪里不对。想想也是，我妈让我多吃是为了我好；如果我拒绝，就是把我妈的好心当成了驴肝肺。即使自己身体感觉不好，我也找不出理由反抗，因为长期以来我已经认同了我妈的观点。

可能是出于自救，也可能是出于直觉，我从 2013 年开始学习心理学，并考取了国家二级心理咨询师。在学习过程中，我看到一本书——《不要用爱控制我》，这是美国心理学家帕翠丝·埃文斯的著作，是一本了不起的书，书里用很多琐碎的小事道出了生命里最常见的痛苦：父母、配偶等亲密的人用爱控制我们。

书中有个小故事：妈妈带女儿去买冰激凌。

妈妈问：“你想吃什么口味的？”

女儿说：“香草冰激凌。”

妈妈说：“巧克力的更好吃。”

女儿说：“我想吃香草冰激凌。”

妈妈说：“你不是爱吃巧克力冰激凌吗？”

女儿说：“我就要吃香草冰激凌！”

妈妈说：“真怪，这孩子真怪！”

在这个故事里，妈妈一直试图动摇女儿的立场，想将自己的意愿——你爱吃巧克力冰激凌——塞进女儿的头脑中。万幸的是，女儿坚守住了立场，坚守住了自己的感觉——我就要吃香草冰激凌。

这是作者亲眼目睹的案例。她说小女孩之所以坚守住了自己的立场，是因为有亲人教过她：尊重自己的感觉。而在我长大的过程中，所有的人见了我都会说：“你要多吃点，你太瘦了！”但从来没人问过我：“你吃饱了吗？”不过这也容易理解，面对一个 80 斤的女生，让她多吃点是最容易表达的关心。

我有一个发小，不管吃什么都唏哩呼噜一大碗，吃得又多又快。我妈最喜欢看她吃饭，觉得这才是一个孩子吃饭该有的样子。所以，我妈总想让我吃东西，看着我多吃就开心。

我妈的这个行为，一方面是因为她童年遭遇过饥荒，在那个物资匮乏且兄弟姐妹众多（我妈兄弟姐妹 8 个）的年代，吃饱是一种人们极其渴求却无法实现的奢侈，所以在她的内心留下了一个口欲没有被满足过的“小孩”。让孩子多吃东西，就是这个“内在小孩”的投射。实际上，是我妈的“内在小孩”渴望吃东西，而并不是外在的真实的孩子——我的需求。也就是说，我妈的“内在小孩”一直处于饥饿状态，所以她逼我多吃东西；看着我吃东西，就像在喂养她自己的“内在小孩”，她会满足，会开心。而这个满足和开心，是以忽视我的感受为代价的。

另一方面，我妈非常爱我，但在日常生活中不知道如何表达，而食物是很容易拿出手的东西，所以就用喂我吃东西来表达对我的爱。

而且，我妈给我吃东西，我要欣然接受，并且最好能在体重上表现出来。只有我变胖，她才会觉得她的爱被我接受了。通过吃胖这件事，我妈感觉自己的爱被印证和确认，一旦我表现出拒绝或者不愉快，她就会很生气，觉得我辜负了她。她一生气，我的内心就会产生愧疚感，所以我就逼着自己多吃一点。

这种心理的实质其实是一种“权力欲”。心理学家武志红对此有过深刻的解读：

喂养中，如果老人或父母太有权力欲，那么孩子拒绝起来相当不易。或许来源是，这种喂养中本身藏着的一种逻辑——我喂你，你要心甘情愿接受，否则就不是好孩子，而我会很愤怒。而进一步的信息则是我喂你的是好东西，你怎么可以拒绝？！这种“你必须接受我喂的东西”的威胁味儿，剥夺了孩子的自由选择空间。

我喂你，你必须接受。这种威胁，是类似喂养中的关键问题。

意识到这个问题的实质之后，我开始尝试听从自己身体的感觉，饿了就吃，不饿就不吃，把吃饭这件事交给身体觉知，而不是交给习惯。然后，令人惊奇的改变发生了：我开始对食物感兴趣了，吃饭这件事从完成任务变成了有趣的事情，我开始能够专注于食物的食材和味道了，内心不再抗拒吃饭了，吃饭速度也快了很多。这个变化让我意识到：我反抗的不是食物，而是我妈对我的控制。

但是没多久，随着我女儿的出生，“有一种饿，叫你妈觉得你饿”又开始重出江湖：我妈开始端着饭碗追着我女儿喂了。我发现只要我妈的“内在小孩”的口欲得不到满足，这个喂饭的轮回就会一直存在。如果我没有学习心理学，恐怕我还会一直坚持用我妈的喂养方法来养育我的孩子，但幸运的是，通过学习和改变，这个轮回在我这里打破了，我对女儿吃饭的态度很简单：饿了就吃，不饿就不吃，吃多少自己说了算。虽然总被我妈指责不负责任，但我也不会动摇我的立场。可因为工作的关系，我不能每顿饭都和女儿一起吃，所以给我妈创造了很多“可趁之机”，我妈会用各种方法哄她多吃一口，比如奖励看动画片，答应她就吃最后一口，等等。三岁之前，这样的方法很管用，小家伙也以肉眼可见的速度长胖了，所以我妈总会跟我炫耀自己的成果：你看，我把孩子养得白白胖胖的。虽然担心，但也没出什么问题，所以我大多数时候也就随我妈去了，直到女儿上了幼儿园。

到了幼儿园阶段，女儿白天一日三餐都在幼儿园吃。虽然老师说回家后不需要额外吃晚饭，只需要吃点水果就好，但每天接回女儿，我妈还是会让女儿吃晚饭，女儿偶尔吃得很多，她就觉得是在学校没吃饱；即使女儿不想吃的时候，她也会坚持哄女儿吃。直到有一次，女儿生病去看中医，大夫说没什么大问题，就是积食了，注意调整饮食就好，也就是少吃点，吃清淡点。

这时，我又一次和我妈谈关于吃饭的问题，才引起了她的一些重视。在吃饭问题上，我们要学会拒绝及接受被拒绝。

好的一点是，女儿长大了，在她不想吃饭的时候，我告诉她可以不吃，吃饱了我也不要求她继续吃。有了我的“撑腰”，再面对姥姥的“哄吃策略”，她也可以坚定立场不多吃一口。经过这么多年的不断“斗争”，我妈虽然依旧要我们俩多吃，但再也没有强硬要求过了。到这里，吃饭的权利才算是彻底回到了我们自己的手中。

我再也没有因为吃饭的事情和我妈生气过，对于我妈来说，那是她表达爱我们的方式，遇到这样的情况，只需要跟她表达我已经吃饱了，并用行动坚决捍卫这个“表达”，不管说多少“再吃一口”也绝不妥协。渐渐地，我妈就不再尝试这样的控制了。这里，我使用的是“不含敌意的坚决”，我希望传递两个信号：

一、我接纳我妈的好意；

二、我也坚持自己的立场。

这样一来，我妈会觉得自己的爱被接受了，同时也会尝试尊重我的感觉。这是个很漫长的过程，但做到了就会感觉很好，既掌控了自己的身体，也不会丧失亲密感。

网上有个关于秋裤的“梗”：有一种冷，叫你妈觉得你冷。对于我来说就是：有一种饿，叫你妈觉得你饿。看起来都是小事情，但其实这些小事情就是人在成长过程中必须去面对的“边界感”，用自己的行为告诉父母：我自己的事情可以自己做主，“我不要你觉得，而是要我觉得”。如果在这一件件小事上不去尝试拿回自己的权利，随着年龄增长，还会有“有一种工作，叫你妈觉得你合适”“有一种婚姻，叫你妈觉得你们般配。”

每一件这样的小事，都是在动摇你的立场。假如我们身边所有的亲人都这样，那么我们的大脑将塞满别人的指令，而不懂接收自己的感觉，久而久之，一个不会独立思考、不相信自己感觉、缺乏判断的人就诞生了。有界限的父母，懂得“解放”孩子的内疚，让孩子在轻松自在中发展自己。

所以，我们要在每一件琐碎的小事上发现并尊重自己的感觉，拿回属于自己的掌控权。

敢做自己 生活的主人

“做自己”有毒。

“做自己”这三个字说得多了，会让人产生一种错觉——一种不经思考的定义错觉，认为“做自己”就是指做自己想做的事情。但实际上，很多时候我们说要“做自己”，是因为自己得不到别人的认同，希望别人认同“自我”，但问题在于：人怎么可能通过别人的认同做自己呢？当你开始想要别人认同的时候，就开始了讨好模式，会离自己更远。

所以，不妨将注意力和心思放在自己身上，关注自己的内心需求，发掘自己的优势和天赋。在了解自己的基础上谈如何“做自己”，才能有效。

对内安顿好自己，对外才能开放包容，不随波逐流。

可惜的是，在我成长的这条路上，从来没人告诉过我应该做自己，倒是不断有人冒出来试图用各种各样的方式告诉我：你应该怎样怎样……

母亲会说：“你要改掉自己耿直的性子，不然会吃亏的。”

父亲会说：“你要温柔听话，这样才有人爱你。”

老师会说：“再复读一年吧，学传媒都是有钱人家小孩去玩儿的。”

伯伯会说：“考个师范吧，以后做老师好嫁人。”

阿姨会说：“想太多没用的，人斗不过天，要学会认命。”

男朋友会说：“去美容院祛斑吧，那样我会更爱你。”

摄像师会说：“打个瘦脸针吧，上镜才会红。”

甚至，隔壁家老王都会冲出来说一句：“干得好不如嫁得好！”

小时候懵懵懂懂，虽然有时候不情愿，但也尽量朝着这些声音要求的方向做着，没想过该不该的问题，只觉得大家的出发点可能都是为了我好。能改的地方，我都尽量改；改不了的地方，我竟然还心存愧疚，觉得自己辜负了一片真心。所以，很长一段时间，别人对我的评价都是懂事和听话，但奇怪的是，越是朝着别人的期待生活，幸福仿佛离我越远。

我并没有因为听话而获得快乐，相反，我过得越来越压抑。但我有个“嗜好”：从小爱看人物传记，作家、明星、设计师、教育家、历史人物，不管是哪个朝代、哪个行业，只要是写人物的，我都爱不释手，甚至在小学就看完了《武则天传》，我记得这套让我废寝忘食的“巨无霸”分上、中、下三册，从武则天出生一直讲到了她去世，厚厚三大本！我是在小学附近的一家小书店看到的，当时特别想让我妈买给我，可我妈觉得这是“闲书”，所以拒绝了我，于是我就每个周末去书店里看，从天亮到天黑，硬是在书店站着把这套书看完了。

我之所以记得这么清楚，是因为每次沉浸在情节里时都会被拖地打断，因为书店打烊，老板都开始打扫卫生了！我抬头一看，才发现书店里只剩下我一个人了。因为保持一个姿势太久，我的双臂已经僵硬，无法自主把书合上，每一次都要缓上好久，才能慢慢地、一点一点地将书挪到书架上，其中有一次还是老板帮我把手臂上捧着的书取下来放回去的。

看人物传记，我最关注的就是各种“牛人”的故事。看得多了，我发现所有的“牛人”都有一个共性：具有强烈的自我意识。

他们都在很小的时候就有一个强烈的意愿：我要过什么样的生活。而且到最后，他们的人生都过成了想要的样子。这件事对我的启发特别大：我也可以通过自己的努力过上自己想要的生活！

从小学记事起，我就有一个意识——我要做一个主持人！

那怎样才能成为一个主持人呢？

那时候，电视里的主持人大都毕业于一所叫北京广播学院（现中国传媒大学）的学校，所以我也得考上这个学校才行！考上这个学校的播音主持专业，必须参加艺考才行；如果想参加艺考，必须得上高中。当时我正在上小学，已经对自己如何实现愿望有了一个大体的路径规划，从目标倒推回去就是这样的：

北京广播学院（现中国传媒大学）⇦ 参加艺考⇦ 考上高中

心里有计划了，剩下的就是一步一步按节奏实现小目标了，先完成9年义务教育，接下来就是考高中了。当年，我们市高中升学率还没有现在这么高，只有小部分人才能上高中，所以在整体规划中，第一个有难度的是中考，我必须超过全市三分之二的初中生，才能上高中。有机会上高中的学生中，还有一半得付借读费。也就是说，如果我不想额外给家里增加负担，在超过全市三分之二初中生的基础上，还需要超过能上高中的学生中的一半，才能顺利进入重点班，不让父母额外付钱。

那时候，我心里想得最多的就是："我总不至于连高中都没得上吧？！如果这样，艺考就只能是做梦了哇！"

于是，整个初三，我都被恐惧支配着。对于别人而言，考不上高中，大不了上技校和职业中学，但对我来说，就等于失去了上中国传媒大学的资格。一想到自己不能成为一名优雅的主持人，我就心如刀割。这个恐惧感支撑着我认真听课、踏实请教，直到我迎来了中考。

中考结束后，我曾问我爸妈，如果我考不上高中，该怎么办？

结果，他们俩居然说，从来也没奢望我能考上！

我们家对于学业这件事啊，要求真的还挺"高"的啊！

在等待放榜的日子里，我接到了班主任的电话。

"喂？这是汤蓓家吗？"

"我是汤蓓，您是苏老师吧？"

"汤蓓啊，家里给你上高中的借读费准备好了吗？"

"啊？老师，您的意思是我考上了吗？"

"哈哈哈，汤蓓啊，替我转告你妈妈，钱用来请客吃饭吧！你超了录取线 20 多分！"

放下电话，我旋转，跳跃！我闭着眼，开心地跳起了舞！

至今，我都还能记得我那个雀跃啊，父母在开心我考上高中，而我在开心我可以在两年后参加艺考了！

心里藏着一个梦，就能憋着一口气，把这份动力平均分配在日常生活的每一天。高中，我参加辩论赛，参与广播站工作，主持学校晚会，积极参加艺术节演出，其实都是为了给自己艺考积攒经验。

我知道我声音条件一般、长相一般、家境一般，所以只能在努力上做得不那么一般。但随着高三悄然降临，我遇到了追梦路上最大的困难：全家人都反对我参加艺考。

理由很简单：艺考的不确定性太大了，并且费用高昂，万一考不上，就是白折腾一场。与其冒险，不如踏踏实实考个师范院校，钱少名好离家近，未来做个老师，体面又好嫁。

没有人会在意一个孩子的梦想，在长辈们的眼中，梦想都是用来泼冷水的。

“你以为你去了就能考上吗？也不看看考上的人都什么条件！”

“即使考上了，未来也会失业，并不是每个人都会成为康辉、海霞。”

“艺术类院校都没正经学习的人，攀比成风。”

这样的话听得多了，心里就生出厌恶来，仿佛谁都能在我的领地上画个圈儿似的，仿佛都是传媒行业的精英、能参透一切似的，仿佛我是个无知的小屁孩而他们无所不知似的。甚至都没人问过我一句：你为什么想要考传媒大学？

我清楚地知道：如果我在高三这个时候选择妥协，就意味着，我将永远失去实现梦想的机会。为此，我必须用尽全力为自己争取机会。

我做了两件事：

在高三第二学期停课，决定第二年复读并参加艺考；

持续向妈妈争取参加艺考的经济支持和情感支持。

因为家里不同意，我当时已经错过了当年的艺考报名。之所以选择停课，决定第二年复读，一来是为了表明我的态度，向家人传达我要参加艺考的决心；二来是为了给第二年的艺考争取更多时间做准备。我用实际行动表明态度的同时，一直在不断地和我妈沟通，因为参加艺考不单单是时间和精力的问题，去北京参加集训，去全国各地参加校考，都需要充足的资金做支撑，我一个身无分文的学生，没有父母的支持，连本市都出不去，更别提去北京了！

在这里，我要感谢我的母亲，经过我的不断争取，她成了唯一一个同意我参加艺考的人，是她给了我唯一的支持！在我临去北京的前一天，我妈在餐厅找我谈话。

她递给我一张银行卡，看着我说："这是我的私房钱，应该够你用了，在外面照顾好自己，不够了打电话。"

我收下银行卡，使劲点了点头。

我妈接着说："这次去北京，如果考上了，最好。如果没考上，就当我送你出去旅游了一趟。不管结果如何，至少你将来不会埋怨我不给你试一试的机会了。"

几乎就是在我妈话音刚落的那一瞬间，我泪如雨下，拼命点头，连一句"谢谢"都说不出口。

当时反对的声音中，有一个来自我舅舅，他对我妈说："你就由着你闺女的性子胡来吧！你如果支持她出去学那个什么播音主持，就相当于把人民币往凉水盆里扔，扔进去连个响儿都听不见！"

所以，那时候我心里憋着一股劲儿，一定要好好考，为了实现自己的梦想，也为了给我妈争一口气。

就这样，我满怀希望和憧憬踏上了开往北京的列车。

你抄过新华字典吗

你知道在火车上什么声音最动听吗？

是 T70 次列车的报站声：各位旅客，您好，您所乘坐的 T70 次列车，将于 30 分钟后到达我国的首都——北京，北京是本次列车的终点站……

虽然不是第一次去北京，但是那一次去北京格外不同，因为那是我自己为了梦想不断争取得来的机会！因为得来不易，所以格外珍惜。响起的报站声，分明就是动人心弦的春风，激动、忐忑和憧憬夹杂在一起。但是，激动了不到24小时，我就“蔫”了。

“人外有人，天外有天。”刘姥姥进大观园什么样，我就什么样。

每个考生都比我漂亮、比我高，更要命的是，普通话都比我好。刚到北京，我就遭受了一万种“暴击”，从先天条件到专业能力，我都被首都学生全方位碾压。我甚至不愿意开口讲话，怕自己一口“塑料普通话”太过于“惹人注目”，即便这样，我的乡音还是变成了最具“传播体质”的段子。

因为前后鼻音不分，我常常闹笑话。

比如“把头伸（shen）出来”，我会说成“把头生（sheng）出来”，同学问我：“头怎么生出来？”

比如“白云（yun）”，我会说成“白用（yong）”。

再比如“枫叶红了”，我会说成“红叶分（fen）了”。

只要我一开口，就会引起全班一起纠音，每个人都噘着嘴巴试图纠正我的口型，那个场面简直不要太“酸爽”！距离第一场考试仅剩半个月时，我还经常在语音发声上纠结。

当时，在学习专业课时，遇到一位中华女子学院的老师，叫张洁，她是唯一一位给过我一点点鼓励的老师，不过也只是夸我长了一张“上镜脸”，对专业能力只字未提。我鼓足勇气问张老师，关于前后鼻音的问题，有没有什么可以在短期内解决的方法，张老师特别慈爱，笑盈盈地对我说了三个字：抄字典。

我当时就愣住了，盯着张老师半天没说出一个字，我当时一定满脸写着：Are you kidding me？（您逗我呢？）

张老师不急不缓：“我没跟你开玩笑，最快的方法就是抄一遍《新华字典》。”

那天回去后，我就开始抄《新华字典》。早功后，睡觉前，课间的碎片时间，我都在认真抄写字典。抄到一半的时候，我就懂了张老师的用意。大多数前后鼻音不分的人，都有两个问题：

不知道字该念前鼻音还是后鼻音；

找不到正确的发音位置。

而我两个问题都有，抄一遍《新华字典》，是可以掌握前后鼻音有哪些字的最快方法，当我清楚地知道哪些字是前鼻音、哪些字是后鼻音的时候，只要稍微多加练习，就可以发出正确的读音。

果然，一周后我抄完字典时，前后鼻音的问题就基本得到了解决。除了专业能力得到提升，我还有一个意外收获：高考语文也提分不少。

当年，我们语文高考卷是全国二卷，第一道选择题通常都是关于语音的题：请选出下列读音不对的选项，不对的读音往往是前后鼻音有误这种细小的错误，西北考生极易出错。而我自从抄完字典，这道题就从来没错过，甚至是语文老师讲解考卷，这道题拿捏不准时都会来问我。

毕业几年后，在母校还能听到关于我为了学习普通话抄了一遍《新华字典》的故事。这件事给我的经验就是：踏实就是捷径。

做自己生活的主人很容易，把精力用在落实行动上就行了。做了，就可以拿到自己生活的掌控权；不做，时间总会被浪费在其他无关紧要的抱怨上。

扎扎实实地持续行动，就是最好的捷径：从根本上解决问题，避免无意义的浪费和纠结。

和老鼠同床共枕

我过了普通话这关后，就进入了校考阶段。我跑遍了半个中国，辗转五个城市面试不同的学校。印象最深的，是在北京考北京电影学院和中国传媒大学。

艺考通常在寒冬腊月。来北京之前，我妈给我织了一双羊毛袜，在北京的整个考试期间我都穿着。那时候的北京只有四条地铁线：1 号线、2 号线、八通线和 13 号线。考北京电影学院的时候，为了省打车费，每次去北京电影学院，我都在地铁 2 号线的西直门站出来，坐公交车去离北京电影学院最近的一站，然后再步行过去。去一次，这样的路程就走两遍，到最后一次看榜的时候，我走路总觉得脚后跟凉飕飕的，等晚上回到住处，想要脱下鞋子都很费劲，双脚因为走太多路已经肿了，而脱鞋之后我才发现，羊毛袜的后跟处居然磨出了两个大洞。

更要命的是考中国传媒大学。当时，我住在中国传媒大学对面的珠江绿洲家园的地下室里，一天只要 30 块钱。这个地下室只有一个炕和一张桌子，阴暗潮湿、隔音奇差，晚上睡觉还会有老鼠踩着被子跑过。我记得，地下室里的被子、枕头特别潮湿，有一股霉味儿，还很重，因为实在太难闻，我就把被子盖到肚子的位置，上半身盖自己的羽绒服，把行李箱里的衣服叠起来当作枕头。在艺考那样高强度的活动下，我总能很快睡着，但经常被老鼠跑动的声音惊醒。现在回忆起来，我都一身鸡皮疙瘩，不晓得当时 18 岁的自己是如何度过那段日子的。

每每早起去中国传媒大学，我都会在京通高速天桥上盯着桥下的车流出神。记不清有多少次，我对着天桥下川流不息的车辆发誓：未来我一定要生活在这里，买一套属于自己的房子。

现在，我早已经从中国传媒大学毕业，也在北京拥有了自己的家。每次经过那个天桥，我都会驻足停留，对十几年前的自己说声“谢谢”。

高考前两个月，我提高了 100 多分

前两天，我做梦梦见自己回到高三了，梦里哭得声嘶力竭，醒过来好一会儿都缓不过神儿来。

梦是这样的：一觉醒来，我发现自己趴在课桌上，低头看见自己穿着高中校服，抬头看到黑板上写着高考倒计时 60 天。确定了时间坐标，我才发现，自己刚刚趴在课桌上做的梦——已经顺利考取“中传”（中国传媒大学的简称），进入电视台，成为一名主持人这件事，只是我高三时的一场梦！

也就是说，在北京打拼十多年都是我自己的梦，意识到这一点的时候我崩溃了！因为我立马意识到：炼狱般的高三冲刺，我还得再经历一遍。

从睡梦中哭醒，醒了还在哭，可见这件事对我来说有多痛苦。

这恐怕是我潜意识里最恐怖的记忆了！十几年过去，

我还会因为梦到高考冲刺而哭得上气不接下气。

那高考前的两个月有多恐怖呢？先来感受一下我的作息表：

6:00—6:15	起床
6:15—7:00	早自习
7:00—7:30	早操，跑步 2 公里
7:30—8:00	早饭（吃饭 15 分钟，背单词 15 分钟）
8:00—12:00	上课（每个课间 10 分钟，背单词、看历史）
12:00—12:30	午饭
12:30—13:00	数学专项习题
13:00—13:15	午睡
13:15—14:30	数学专项习题
14:30—18:00	上课（每个课间 10 分钟，看错题本）
18:00—18:30	晚饭
18:30—19:30	文综习题
19:30—22:00	晚自习
22:00—22:30	夜宵
22:30—2:00	数学专项习题+文综习题

我每天只睡 4 个小时，这样的状态从 4 月 1 日一直持续到 6 月 8 日高考结束，整整 68 天。

除了整块的学习时间，每个课间和吃饭时间，都被我塞得满满当当。我当时有多“变态”呢？用我同学晓慧的话来说就是：像变了一个人。晚上熬夜做数学卷子，我习惯把手指插进头发里挠头，手指一碰到头皮，头发就哗哗往下掉，白色数学卷子上铺满了黑黑的头发丝，我就把卷子合起来，将头发倒进垃圾桶，继续做题。那时候，时间是按秒来计算的，争分夺秒地跟高考抢时间。

为什么呢？

因为我艺考结束回到老家是4月1日愚人节，正好赶上全市第六次摸底考试，我才考了300多分，这分数别说上“中传”，连上中专都不可能。一想到自己将要上个“差不多”的大学，留在“差不多”的老家，找个“差不多”的工作，嫁个“差不多”的男人，生个“差不多”的孩子，过个“差不多”的人生，我就觉得像是在看一部恐怖片！

人生最大的悲哀莫过于“我本可以”！所以，我必须破釜沉舟、奋力一搏，为自己全力出征。

“苦心人，天不负。”我的高考成绩居然上了500分！跟摸底考试的成绩相比，提高了100多分。

放榜那天，同班一个女生跑过来问我：“你运气也太好了吧！你是怎么在考场上抄到500多分的？”

我当时忍住了想要一掌拍死她的冲动，就当这个愚蠢的问题是对我成绩的褒奖吧！毕竟，一个在学校消失了一年的学生，临考前两个月才回来备战高考，能考出这样的成绩，也许真的比较令人难以置信吧！

神奇的是，也就是从高考开始，我这个“学渣”突然对学习开窍了，从考北大 MFA（艺术硕士学位）到第二学位，我都取得了不错的成绩。

高三炼狱般的生活也让我懂得了：要敢做自己生活的主人。一个人的外在现实，是由他的内在意识决定的。

做你自己，是你的选择带你走到了此刻。也许，会不断有人告诉你该怎么做，但你要相信自己的选择，相信自己会做得很好。一定要坚持自己，不要盲从，不要听从别人的意志，更不要人云亦云，因为如果只是向外寻找生活的标准，那么一定会遗忘自我。

对孩子最大的『负责』，是成为快乐的自己

老张打死都不会想到，自己会在一档节目里说自己离婚了。

老张是谁?

我妈。

更搞笑的是，那档节目的主持人是我。

录完节目见到老张是第二天了，她一见面就问我：“能不能把那段删了？”我吓唬她说不行，她犹豫了一下又说：“也没什么大不了的，反正身边的人都知道。”我逗她说：“你昨天在现场说

的时候风平浪静、云淡风轻的，跟讲别人的故事似的，我都惊呆了，你咋现在又怂了呢？”我妈特别无辜，说：“谁知道咋说着说着就说到那里去了呢？”我安慰她说：“没事的，你又不红，没人认识你，播出去也不会有人记得。”她点了点头。“当然，我也不红，没人会记得。”我又补充道。

那段视频剪辑的时候就删掉了，但留在我心里的印记却尤为深刻。这条路走了太长太长，而我是唯一的见证人和参与者。

从我有记忆起，我爸妈就经常吵架，砸茶几、扔烟灰缸，都是常有的。小时候最恐怖的画面就是我妈流着泪系鞋带，每次她哭着系鞋带，我就扑过去死死抱着她的腿求她不要走，生怕她一走出家门，就再也见不到她了。真是奇怪，虽然小时候和我爸关系一直很亲密，可我却不想只和我爸在一起，可能是因为我妈是我和我爸之间沟通的一道桥梁吧。

老张最牵挂的就是我，每次都不走，抱着我睡觉。半夜我总会醒来，确认一下她是不是还在身边。有时候看到她在我旁边一动不动，我都担心得要死，我会学着电视剧里的样子，把手指放在她的鼻子下面探一探，看看她还有没有呼吸。

那时候，老张总会问我：“如果爸爸妈妈离婚了，你跟谁？”

每一次我都会回答：“跟妈妈。妈妈去哪里我就去哪里。”

老张会不死心地接着问：“跟着我就得住草房子了。”

我会坚定地回答她：“我宁愿跟着妈妈住草房子，也不跟着爸爸住金窝。”

鬼知道这个问答到底是个游戏还是老张为了试探我，反正一直问到我高中，他们俩也没分开。

但让他们俩离婚，却是我一直以来的愿望。他们每次吵架，我都会支持老张和我爸离婚，但是每次老张都会跟我说：“要不是为了你，我早就和你爸离婚了。”我不明白，怎么就是为了我呢？老张会说：“如果我和你爸离婚了，单亲家庭的孩子会被人欺负和笑话。大人的事情，小孩别掺和，你好好学习就行。”

每次老张说“要不是为了你，我就如何如何……”的时候，我都觉得是我妈替我忍辱负重，我才会有幸福的生活。可每每看到她伤心流泪，我就揪心痛苦。很长一段时间，我都觉得有一种深深的愧疚感，觉得如果自己不能出人头地，就对不起我妈的付出和隐忍，所以我很怕出错，很怕自己不优秀：如果我不完美不拔尖，我就不配做我妈的女儿。至于他俩离婚的事，我心里憋着一股劲儿，高考完一定让他们去办。

在我成长的过程中，有一个很重要的主题就是“让我妈高兴”。所以，我一直都很听话，成绩不错，独立自主，基本没让老张操过心。每每老张因为我取得的一点成绩而微笑，我就感觉自己松一口气。就这样，我留在北京工作、恋爱、安家落户，一直都是老张的骄傲。老张说我是她这辈子最成功的作品。

但是，从 2017 年开始，这样的平衡被打破了。

我和老张开始经常吵架，尤其是 2018 年。那一年，老张简直要头疼死了，因为青春期都没有叛逆的我，居然在 30 岁的时候进入了“叛逆期”：染发、文身、上“中传”。

我是过敏体质，不光对花生、酒精过敏，连对染发剂都过敏，却非要作死不听劝地染头发。老张总说：“身体发肤，受之父母，不敢损毁。”但就这样，我还是去染了头发、文了身。再然后，我不顾全家反对，辞去电视台的工作去创业，然后又重回学校读书。

表面上看都是些小事情，但其实是我不想再做“父母眼中的女儿”了。当生活的重心放在“让父母高兴”这件事上时，往往就会不自觉地去迎合、讨好他们，以前是因为自己不够强大，既没实力反抗，也没意识到哪里有不对的地方。

染头发是因为觉得美，想要自己变漂亮，可是因为不健康，父母会阻拦；文身是因为想把对自己很重要的诗记录在身体上，可父母觉得文身是坏女孩才会做的事情，会让别人说三道四，所以激烈反对；而重回“中传”读书，是想充实提高自己，但在父母看来，却是一件疯狂的、欠缺考虑的事情，即使不花他们的钱，他们也认为 30 岁的女人读书不正常。

看上去反对的是事情，实际上是在否定我的审美，拒绝我使用自己的身体，干涉我的职业选择。在本该将大量精力用于打拼、探索世界的时候，我都在和父母较劲儿，他们的期待成了束缚我的“枷锁”，我既向往外面的世界，又放不下他们的期待；我既反感他们的期待，又对自己的不听话心存愧疚。

随着我渐渐长大，这份对父母的爱变得越来越沉重：心里憋着爱，也憋着恨。这时候，父母的爱和期待，变成了双向限制。

就拿孩子看父母吵架这件事情来说。父母在孩子面前吵架，其实就是“邀请”孩子“参与”进来。当然，这里的“参与”并不是我们一般意义上理解的那个“参与”，而是说父母既然在孩子面前吵架，孩子就天然成了其中的一员。而这个时候，父母却说：“大人的事情，小孩别掺和。”他们既邀请了孩子“参与”，又拒绝孩子“参与”，这样的双向限制让孩子无所适从、动弹不得。孩子觉得是因为他，父母才吵架，但孩子又不知道该怎么办，所以转向自我攻击。自我攻击对一个人的消耗很大，所以孩子常常感觉无力：孩子不知道自己的恨应该指向谁，怨恨父母却又不敢，恨无法表达，爱也无法表达。这样的孩子，生命力无法在更广阔的领域通过健康的渠道痛快表达，把生命力挥洒到淋漓尽致。

当这样的困境持续的时间够长，长到我也有了爱人和孩子，我才发现，这样沉重的爱是会传递的。为了自己，也为了我的孩子，我只能让这份沉重在我这里结束，所以我中年“叛逆”了。

我首先尝试的就是勇敢表达自己，从染头发、文身这样的事情开始反抗。这里需要一些智慧，我会告诉老张：在我染头发的时候不会让染发剂碰到头皮，在离发根一厘米的地方才有染发剂；我会告诉理发师把伤害降到最低；我会跟老张说文身的意义和故事，让她明白我并不是为了文身而文身的；关于上学，在拿到录取通知书后，我紧接着找到了一份兼职工作，让她可以安心一点。

逐渐地，老张不再因为这些事情担心、焦虑了，她看到我活得越来越精神、吃穿不愁，甚至赚的比以前还多，也就坦然接纳了我的生活。

老张偶尔也会劝我找个打卡上班的工作。在她看来，只有按时按点打卡上班的工作才算正经工作，不管我现在赚多少钱，她都觉得我是个无业游民。这段时期，我不再“敷衍”老张了，有什么想法会直接表达。比如，我会直接告诉老张我不喜欢她买的羽绒服，会告诉她我买的包包的真实价格，会跟她聊同性恋，会指出她做事情双标，等等。我特别庆幸有老张这样的妈妈，或许是老张本来就开明，或许是老张的心已经被我“气”得撑大了，反正老张逐渐接受这样真实的我了。

偶尔还是会有争执，大多是因为观念不一致。我深深地理解她，但再也不会因为她而动摇自己的立场了。

比如，老张会说，人到了什么年纪就要做什么年纪该做的事。我特别厌恶这个说法。照这样说，我现在应该生二胎跳广场舞，染什么头发上什么学？！我辞职工作简直是大逆不道！

我会跟老张说：人不能活在别人的嘴巴里，而应该活在自己的选择里。

老张呢，倒也灵光，来北京快 7 年了，有了自己的舞蹈圈、麻将圈、旅游圈，明白人和人之间需要界限感，会用支付宝买理财产品，会用滴滴打车，会用微信群视频和兄弟姐妹聊天，会每天刷抖音看我的视频，会用爱奇艺刷偶像剧。最重要的是，当再一次遭受我爸的暴力之后，我妈勇敢地恢复了单身。在我的生命里，提心吊胆的日子也画上了句号。

在很多人看来，很多时候和父母相处，用不着事事让他们知道，微信朋友圈可以屏蔽父母，谈恋爱可以偷偷谈，重要的事情没必要告知父母，甚至连父母有重大疾病，也选择隐瞒起来。我对这种传统亲子关系持保留意见，或许老张和我是个例外，但我觉得，我们的父母渐渐被这个时代“抛弃”了，他们唯一和时代同频的纽带之一，就是他们的孩子，让他们了解什么叫同性婚姻，让他们明白冻卵的意义，教他们学会用各种社交媒体，其实是把他们不得不承受的信息差，用爱给弥补回来。

就算几经努力后父母仍旧无法或者不愿接受，至少作为子女的我们，可以将不该属于我们的重担交还给他们，不再困住自己，而能够真的往前迈进。

我的很多真实想法，爸妈常常一时无法接受，但那是他们自己的课题，他们有责任去面对和理解；而已经长大的我，也应该将这个机会和责任交还给他们。唯有两代人都能成熟地正视过去，才能真正跨出和解的第一步。

为了孩子不离婚就是一个谎言，实质是父母没办法处理好自己的婚姻关系，却把这个“锅”甩给孩子。婚姻中的两个人不开心，那是你们俩的问题啊，关我什么事呢？有时候，多尝试一次、多走一步，或许就有机会争取到人生的选择权。

对孩子最大的“负责”，是成为快乐的自己。父母过得轻松坦然，孩子才能真的心无愧疚、放心高飞。身为父母的“不自私”，就是给孩子的内疚“松绑”。

完美强迫症：不优秀就等于可怜吗

中国父母最难接受、也最不愿意承认的事实就是：自己的孩子终将会是一个极其平凡的普通人。即使父母从内心隐约意识到这一点，也一定要排除万难，创造条件，甚至是忽略孩子的天赋和优势把孩子“培养成才”。于是，“望子成龙，望女成凤”“必须让孩子优秀”成了很多父母给自己拟定的宏大目标，也是他们赋予自己的伟大责任，在这个宏大目标里，父母不做自己，孩子也做不成自己。

2007年春天，我在中国传媒大学参加艺考。那场考试给我留下的印象极其深刻，因为我抽到

的即兴评述考题只有四个字：面面俱到。当时，看到这四个字，我一脸愕然、无从下口。

我特别讨厌这个词，因为每次听到，都让我有一种深深的无力感。什么叫“面面俱到”？有人说，“面面俱到”是为人处事周到妥帖，可以把所有人照顾到位，是一个褒义词；也有人说，“面面俱到”就是圆滑世故，想要让人挑不出毛病，就像“八面玲珑”一样，有一丝贬义；但在我看来，“面面俱到”只是个中性词，并没有什么褒贬。我不喜欢这个词的原因是：它意味着以牺牲某一方面的优势为代价来达到整体平衡，这像不像老师经常会提到的木桶原理？像不像我们长大的过程？

木桶原理也叫木桶效应，还可称为短板效应，是指一只水桶能装多少水，并不取决于最长的那块木板，而取决于最短的那块木板。一只木桶想盛满水，必须每块木板都一样平齐且无破损，如果这只木桶的木板中有一块不齐或者某块木板下面有破洞，这只木桶就无法盛满水。就像在应试教育中，要求学生各个方面都要优秀，每一科的成绩都要优秀。一旦发现自己哪个方面不够优秀，我们就要思考一下自己的“短板”，并尽早补足它。

这个理论几十年来一直被用于劝说学生们“补短”和不要偏科，却没有人意识到，这个例子最大的问题在于：更多的人着眼于“短处”，一直在跟缺点较劲儿，却没人在意“长处”。我们更多地被告知“只是某方面优秀没用”，我们的优势没人在意，更没人赞扬，甚至不厌其烦地将自己的短处和别人的长处比较。

我们的教育更多的是“找缺点并去改正它”，而不是“挖掘优势并发扬它”。

我曾在抖音分享过一个观点：我不同意“每个孩子天生是张白纸，家长和老师画什么就会呈现什么”这句话，因为一个人的底色大概在妈妈肚子里就形成了，是基因里带着的，一个擅长绘画的孩子，非要去弹钢琴，练得再多也不会成为一名钢琴家；一个有音乐天赋的孩子，非要去练长跑，膝盖跑烂了也不会成为奥运冠军；比如我，从小理科就不好，如果当年不学文科，估计连大学都上不了。

教育的意义是在了解一个孩子的基础上，发掘他的优势和天赋，并用教育手段引导他，让他发挥他的天赋，而不是忽略他的热爱，单纯去训练某种能力。而现在，那么多人非要和基因较劲儿，你就说累不累吧？

对于孩子来说，不喜欢、不擅长的事情是很难做好的，更别说做出成绩，即使用再好的方法和资源，也未必成功，而且在做的时候会很痛苦。为了逃避这种痛苦，就会想方设法地拖延和逃避，毕竟“让自己觉得舒服，是每个人的天性”嘛！

对于家长来说，付出了金钱、时间、精力却不起作用，就会产生焦虑，这份焦虑的压力又会转嫁到孩子身上，孩子接着逃避，从而形成一个恶性循环，双方都痛苦，也都无法理解对方。

再回忆一下我们从小就经常被长辈问到的高频问题：你长大以后想做什么呀？中国孩子的答案高度相似：当宇航员、科学家、医生、天文学家，等等。如果一个孩子的回答是：当糕点师、司机、清洁工，那么一定会被父母气急败坏地教育一番。在人生目标上，家长更愿意为孩子谋划，但这个谋划是以忽略孩子的天赋为前提的，只有家长认为好的职业才会被认可，才有可能得到经济支持和精神支持。

我们的“面面俱到”里，还包含“让父母骄傲”的功能，也就是说，很多孩子不光得负责自己长大，还得承担父母的期待。

在我们的社会中，许许多多的孩子一直被家长、老师、社会教育要变成一个优秀的人，被寄予厚望，马不停蹄地辗转于各种才艺班、补习班，生怕落下一门课程……孩子们的脑袋里被植入了“一定要变优秀，绝不辜负父母望子成龙的殷切期望”的思想。

因为工作的关系，我常常会接触一些家长和学生。我发现，在我们的教育中，对孩子的“容错率”很低，不允许犯错，不鼓励尝试，不提倡多元化的答案，以至于在面对挫折和困难的时候，很多孩子无法接受自己的失误和失败。比如，在 2012 年 7 月 15 日，黑龙江一名高校在校生因为六级作弊被取消学位，在宿舍内烧炭自杀。

对于大学生来讲，取消学位意味着大学中重要的一个学历证明没了，但即使没有学位证，也不代表人生就是失败的啊！没有学位，还可以通过不断学习来充实提高自己，未来仍然可以大有作为。这位学生走了，除了惋惜，我也深深理解他的心情。这一事件的背后，有谁能体会他深深的绝望和无助呢？得来不易的大学机会，没有学位可能要面对父母的指责和压力，或许这份压力太大无法承受，反而自杀更容易一些吧。

中国父母常做的事情就是“功能性养育”，我们经常能够听到类似的话语：

“养儿防老，儿子就是为了养老送终的。”

“女孩子嘛，就是要照顾家庭的。”

“你的责任就是好好学习，为咱们家光宗耀祖。”

“嫁汉，嫁汉，穿衣吃饭，男人就是赚钱养家的。”

“一个女人，不生孩子就白活了！”

是不是很熟悉？只有满足了这些“功能”，我们才算有出息，父母才会有面子。

中国父母最难接受、也最不愿意承认的事实就是：

自己的孩子终将会是一个极其平凡的普通人。即使父母从内心隐约意识到这一点，也一定要排除万难、创造条件，甚至是忽略孩子的天赋和优势把孩子“培养成才”。于是，“望子成龙，望女成凤”“必须让孩子优秀”成了很多父母给自己拟定的宏大目标，也是他们赋予自己的伟大责任。在这个宏大目标里，父母不做自己，孩子也做不成自己。

许多父母放弃或牺牲自己的个人目标，转而攻克孩子的未来。被忽略天赋的孩子苦不堪言，过度付出的父母也苦不堪言。父母给孩子的是“愧疚感”，因为孩子看到父母为自己付出那么多；而孩子给父母的是“牺牲感”，因为父母看到自己的付出在孩子身上一点反馈都没有。父母和孩子，都失去了自己最珍贵的东西，却都得到了自己不想要的生活。

事实是：99%的人 99%都会平凡地度过自己的一生。一个人能否在平凡的生活和工作中找到乐趣、幸福和平静，才是最重要的能力。而我们的父母在教育中，往往忽略这 99%的部分，却将精力集中在极其渺茫的 1%上。这是很多悲剧的开端。

不优秀，就不配活着吗？

不优秀，就没有意义吗？

一味追求“优秀”，会怎么样呢？

北京大学的“完美学生”吴谢宇在 2015 年 7 月将自己的母亲杀死，然后用裹尸袋和保鲜膜将母亲的尸体处理好并放进活性炭，藏在家中，同时在家中安装了摄像头，通过自己的手机监控。

虽然这个例子太过于极端，却非常有说服力。我们的主流教育都患有“优秀强迫症”。所有漠视自己天赋的“优秀”，都将与优秀背离。

拥抱你内心的柔软

在《亲爱的安德烈》一书中，龙应台写给儿子安德烈的一段话深深打动了我。当时 18 岁的安德烈失恋了，在学校还与老师相处得不愉快，他给妈妈写信，描述完自己糟糕的现状后，马上改口说其实也都不是真正严重的事情，而且半嘲讽地说：我的这些“倾诉”会不会让你觉得，像是好莱坞的巨星们在抱怨钱太多、太有名，所以生活得很惨？龙应台的回应是：“我们心里的痛苦不会因为这个世界上有更大或者更多‘值得’的痛苦而变得微不足道，它对于别人也许微不足道，但对于自己，每一次痛苦都是绝对的、真实的，很重大，很痛。”

我特别爱哭，也喜欢看别人哭。

看到有人哭，我想的不是伤心难过，而是“哭出来会好受一点儿吧？”我觉得，能哭出来总是好的，想哭却哭不出来，才更难过。

读王小波 1978 年在李银河出差去杭州开会时写给她的信时会哭，一句“你好哇，李银河”，我的心里就像有一万句情话奔腾而过；

听国歌时会哭，《义勇军进行曲》响起，每个鼓点仿佛都打在我的泪点上，心中油然而生一股为中华崛起而读书的使命感；

看韩剧《来自星星的你》中的“因为一想到此刻在我眼前的，也许就是他最后的样子，就会觉得那一刻无比珍贵”一幕的时候，会为这一幕的拥有和失去而哭；

也会为除夕家宴时我妈不经意的一句“祝我的宝贝女儿一直幸福”而哭，或许是因为在这句祝福里，我听出了我妈对自己人生的遗憾。

如果说，哭是一种比较激烈的情绪，那眼泪就是这个激烈情绪的物质形式。

如果还能哭，那就代表一定有什么事情让你很在意、痛苦或者开心。也就是说，还能哭就表示对生活中的人或者事情不麻木。这是一件好事。

长大是一件残酷的事情。首先就是不能随便哭了，因为哭代表幼稚、脆弱、软弱和无能。我最讨厌的一个场景就是：在我哭的时候，一个人过来拍拍我的肩膀说“别哭了”，然后再默默地递给我一张纸巾。为什么不是一个人过来拍拍我的肩膀说“哭吧，哭个尽兴”？最好还能陪我一起哭。长大就意味着不能随意表露情绪，喜怒哀乐不形于色，就意味着我们要以去掉一切让我们感到脆弱的情绪为代价来成长，变成一个“钢铁人”。

我曾经见过一个男孩因为失恋而流泪，他是怎么哭的呢？他哭的声音是从后槽牙发出来的“咯吱”声，因为他要拼命忍住想要哭的冲动，所以将自己的牙关紧紧咬住，试图把眼泪憋回去，因为用力过度，他全身紧绷，不自主地颤抖。我安慰他说：“想哭就哭吧，哭出来就好了。”他背过身去，用力抹了几把眼泪，并进行深呼吸。我看到他的肩头起起伏伏，心里有说不出的难过。这样忍着，除了失恋的难过，还得努力压抑想哭的冲动，太难了。

过了一会儿，他转过来对我说：“不好意思，让你见笑了。”他一脸羞愧的表情，如果不知道原因，会让人误以为刚刚他做了什么不该做的事情。我问他为什么不哭出来呢，至少那样会好受一些。他的回答是：“男儿有泪不轻弹，哭的话就太窝囊了，我不允许自己这么软弱。”

原来，哭代表软弱。

一直以来，我们的文化都在教男孩一定要“爷们”！如果一个男孩展现出柔软、脆弱、细腻，则有可能会被叫作“娘炮”。包括穿着打扮，粉红色成了女性专属色。精致的男孩总会被人误解为“太娘了”。以2018年的综艺节目《偶像练习生》出道的男团，也被集体打上“娘炮”的标签，成为“直男们”嗤之以鼻的嘲笑对象。

一切柔软的特质，都被打上了性别标签。

爱哭、敏感、同情、感动、隐忍都因被视作女性特质而遭人鄙视。

我们为在一段爱情里全情投入而感到尴尬，因为“谁先动真情，谁先死”；

我们为在一段关系中女生先主动而感到羞愧，因为“女生要矜持”；

我们为自己身上具有的豪爽气质而难过，因为“撒娇女人最好命”；

我们为自己的敏感和怜悯心而无所适从，因为“妇人之仁”。

近些年涌现出一大批“大女主”类型的影视剧，剧中的女性都在以一种切割自己柔软女性特质的方式实现自己的辉煌，要比男人更狠，要比男人更无情，要比男人更冷漠，要比男人更杀伐决断！似乎唯有呈现出一种抹去女性特质的姿态，才能体现出独立女性的伟大。

这种标签化，以更加残忍的方式在男性的身上呈现出来：

男人一定要“爷们”！

男人要刚毅、果敢、杀伐决断！

男人赚钱养家，天经地义！

化妆的都是“娘炮”！

男儿有泪不轻弹！

男人不能对女人示弱！

这种标签化，对男性和女性粗暴地进行了划分：男性是理性的、勇猛的、客观的、富有攻击性的；女性是感性的、温柔的、母性的、主观的、依赖的。传统的性别认知，是二元对立的，或者是互补的，但其实我认为，不管是男性个体还是女性个体，都是千差万别的，个体差异远远大于性别上的差异。

不管是男性还是女性，首先是人，其次才有性别，当我们了解一个人的时候，应当逐步消解传统男女两性的划分，从个体去看待一个人，而不是先假设一堆性别特质，再去往这个人的身上套。

这其实是一种性别刻板印象，把千姿百态的人简单粗暴地以性别划分成组，以集体特征驯化教育一个个体，变成了一种形式主义。以性别分类，树立一种标准、一种范本、一种男人或者女人的“正确打开方式”。

但在我看来，男女之间的性别差异远远不及个体差异大，当你见过的人越多，你就越会发现，人与人之间的差异，和性别其实没那么大关系！

而所谓的性别特质，其实每个人身上都有，只是比例不同罢了：

我见过在职场强悍的女企业家，在老公面前小鸟依人、温柔如水；

我见过在拳击场上暴击对手的运动员，因为猫咪受伤而伤心流泪；

我见过相夫教子的全职妈妈，在地震中用身躯守护女儿。

我们是一个个鲜明的个体，有权利选择自己喜欢的生活方式；我们要做的是尊重人，尊重人与人之间的差异，和而不同，求同存异。

如果一个女性醉心事业，那就放开手脚去职场拼杀吧！不要用“女强人”“女汉子”之类的词语嘲笑她。

如果一个男性享受照顾家庭，那就放心大胆地研究菜谱和照顾孩子吧！不要用“吃软饭”“娘们”这样的字眼去羞辱他。

作为一个人，自始至终都有权利和义务做自己，追求自己期待的生活。我们可以有充分的选择，可以选择强悍，也保留柔软；可以选择果敢，也保留敏感、细腻；可以选择相夫教子，也可以选择拼杀职场。

软弱代表脆弱吗？不是的。

让我们羞愧、难以启齿、想要改掉的敏感、脆弱、多情和怜悯心，才是我们最大力量的源泉，是我们人类最基本的情感，不分男女老少，不分长幼尊卑，是生命最大的馈赠。

敏感会让我们更容易觉察生活中的小确幸，更容易捕捉到别人情绪中的变化，它带来的共情力会让我们成为出色的职场角色：心理咨询师、访谈主持人、记者等，也会让我们在手握权力的时候，把人当人，而不是无视别人，提出无礼的要求。

怜悯心会让我们对苦难有更多的思考，更容易对身处困境的人产生同情，避免成为“施暴者”，在面临使用“地沟油”、生产“毒疫苗”等有可能获取巨大利益的时刻，做出正确的抉择，回归到一个人的本心而不去施恶。

这些曾让我们嫌弃的“柔软”，恰恰会带我们走向美好，让我们被美好的事物感动，为孩子的笑脸开心，被他人的疼痛打动，珍惜家人，心存善念，向往纯真。

我的担心、流泪、脆弱、纠结，现在都让我无比珍视，它们提醒我，让我意识到：原来我是这样热切地生活着的！这些“柔软”，都是我活着、不麻木的证据啊！

最后，写两句我喜欢的歌词，来自刘柏辛和李荣浩的《两个普普通通小青年》：

哼的歌词叛逆就不能早睡早起吗？

穿得少就不能一生只爱一个人吗？

在成为妈妈之前，先成为你自己

女性不是天生的，女性是被塑造出来的。

——西蒙娜·德·波伏娃

我有一个朋友叫优优，2017 年她突然发现自己怀孕了，火速结婚生下一个女儿，取名为"斗地主"。生完"斗地主"之后，只要我约她，她每次都能来赴约，这在哺乳期的新手妈妈中并不多见。当然，为了方便她喂奶，一般我们都会挑选在她家附近的餐厅见面。约了几次后，我就特别好奇，因为每次我跟她"约饭"，都感觉她迫不及待地想见我，而且吃饭不怎么忌口，吃完饭似乎也不着急回家喂奶，感觉一点儿都不担心孩子饿肚子。

要知道，哺乳期的妈妈几乎都严格忌口，辛辣刺激一类的东西都不能吃，不然奶水会有变化，甚至回奶。母乳是宝宝珍贵的口粮，尤其是6个月以内的婴儿，几乎是不到两小时就需要吃一次母乳。所以，通常情况下，生了孩子的女性朋友都像人间蒸发了一般，几乎是约不出来的，但优优是个例外。

为什么呢？

因为自从生了孩子，基本就没有朋友约她了，加上怀孕期间行动不便，出门次数少，所以“卸货”以后优优有约都特别开心，能出来见见闺蜜、聊聊天，吃一些在家里吃不到的美食，别提有多幸福了。有一次，吃完饭我送她回家，到她家楼下的时候，她对我说了一句话，让我终生难忘：“我在你车里坐会儿再走。你知道吗？有时候我宁愿在马路牙子上坐着发呆，也不愿意回家。”

这句话又搞笑又让人心酸。

我特别理解她。

回家就意味着成为一个角色——妈妈，这个角色让人觉得伟大，但这个角色背后的人，也想有自己的空间。当一个女孩子做了妈妈，原本属于工作、休闲和发展自己的时间和精力，就都被压缩了。不管你愿不愿意，都要拿出大部分的时间和精力来照顾宝宝，除了我们知道的时间成本和精力成本，还有一个庞大的成本是注意力成本和健康成本。

注意力成本在女性身上尤其明显。在世界各地，宝宝对妈妈的关注需求都极高，高兴的时候要妈妈看，哭的时候要妈妈哄，完成一件事情要给妈妈展示，做不成一件事情要向妈妈求助，醒来第一时间找妈妈，睡觉也要妈妈哄……吃饭、睡觉、拉粑粑、讲故事，等等，都需要妈妈投入巨大的注意力。妈妈的积极回应和热切关注，是宝宝成长中很重要的养分。

但这同时也意味着：妈妈自己的注意力会被随时打断。正在开视频会议的职场妈妈，可能会被宝宝呼唤讲故事；沉浸在小说情节中的妈妈，可能要为突然拉粑粑的宝宝处理便便；哪怕是全职妈妈，洗澡和如厕这样平常的事情，也可能会因为宝宝在卫生间门外声嘶力竭的呼喊而强行中断！我更是听到身边好几位妈妈说，很少能连贯地吃一顿饭，常常是弄完宝宝，饭已经凉了，抑或是吃到一半被打断，剩下的也没胃口吃了。更别说睡觉了，宝宝夜奶、踢被子是常态，拥有一次完整的睡眠都是奢侈。

除了注意力成本，另一个就是健康成本了。假设一个女性不是高龄产妇，不做试管婴儿，不是剖宫产，顺利、健康地在自己“当打之年”顺产一个健康的宝宝，也要经历孕吐、妊娠纹、乳腺炎、腰疼、产后脱发，甚至产后抑郁，还有可能像 SHE 成员陈嘉桦那样经历产后漏尿的困扰。高龄产妇、剖宫产的女性就更不用说了！即使是经济实力比普通人好很多的明星，可以请得起月嫂和保姆替自己分担，也难以避免很多身体上和精神上的压力。

医学发展到今天，大多数女性生孩子已经不用担心失去生命了，可在心理上，仍然要经过“鬼门关”。

“妈妈”这个称呼，要经过多少恐惧、无助、纠结、担心和撕心裂肺的疼痛才能换来啊！在生产那一刻，无论怎么被赞美是在创造生命，都无法抹去女性刻骨铭心的无助，那一刻她们不再是有血有肉有灵魂的女人，而是像一头下崽动物般的存在，隐私部位被一览无余，肢体因无法承受的痛苦而扭曲，没有一个女人完整的尊严。

生孩子对于女性而言，是少女梦被打破揉碎，是内心的过渡和疗愈，是女性内心的一场重生，是从一朵花长成一棵树。

所以对于优优的选择，我除了深深的理解，就是心疼。抛开妈妈这个身份，谁不是爱漂亮、爱玩乐的年轻姑娘呢？

如果可以，在成为妈妈之前，先成为你自己；在成为妈妈后，也不要放弃成为更好的自己。不要在不明白妈妈这个角色背后要付出什么的时候，就稀里糊涂地生育宝宝。在自己的内核没有完整之前，扮演任何角色可能都会非常吃力。虽然不管是文学作品还是现实中，都有很多成为妈妈后还依然不放弃自己成长的女性，但成为妈妈最好的准备，就是先成为自己，大胆地放手追逐和实现梦想，去做也许疯狂但自己想做的事情，去经历，去体验，去大胆爱、勇敢恨，在尽兴探索世界中遇见未知的自己，了解自己，明确自己，而不是靠生育一个孩子来完整自己。

就像电影《找到你》里说的那样：

对我的孩子，我陷入了深深的自我怀疑，我觉得自己不配当一个母亲，我甚至觉得生孩子是天底下最自私的事情，用别人的生命来完整自己。

都说母爱是伟大的，但其实一个母亲对孩子的爱，也只是在对自己的选择承担后果而已，最该被感谢的是孩子，是他们带父母成长，让我们体验到一种毫无戒备的，甚至可以献出生命的爱。那是一种自由。

如果每一个女性选择生育之前，都懂得做好经济准备和心理准备，至少明确自己不是为了任何功利的目的而生孩子的——不是为了挽回一段感情而生，不是为了延续香火而生，不是为了长辈的压力而生，是不是就不会有那么多被扼杀于胚胎的女婴，不会有弃儿，也不会有像《何以为家》主人公赞因那样的孩子？

赋予女性生育能力，并不是让女性成为工具的。生命如此多彩，不要活成一个子宫。生育只是女性的一个选择，可以生，也可以不生，重要的是有自主、充分的选择权。

成为自己这条路，是一条漫长而黑暗的路。我们要尽力让自己在成为妈妈之前内核饱满，也要在成为妈妈之后保持自我。

萧红是我很喜欢的一位女性，她在大众中的定位十分“奇特”。在萧红的老家，有很多人不喜欢她，原因是有流言说她卖过身，被认为是放荡的女人。

想想挺有趣的，如果萧红是个男的，应该被称作风流才子吧？

萧红在她短暂的一生中，因挑战世俗、追求自我被打上了“荡妇”的标签，以至于至今很多人提起她，首先想到的不是《呼兰河传》《生死场》这样极具生命力的优秀作品，而是她怀着前夫的孩子和萧军恋爱的故事。萧红在她所处的时代极其刺眼，像一个行为艺术家，将自己的人生也实践成了艺术，那就是不管在何种境遇下，都不放弃做自己。

我很喜欢的一部作品，叫《醒来的女性》。这本出版于 1977 年的小说，描写的虽然是 20 世纪 30 年代的美国女性生活，但我在读的时候，却深深感觉到这本书里所描写的也是当代女性最真实的生活。

主人公叫米拉，她是一位喜爱读书的小镇女孩，从小就是个独立而聪明的孩子。她 14 岁读尼采和潘恩，开学第一天就学完了全部课本，学校只得让她跳级。可是在 20 世纪 30 年代的美国，女性最常见的职业是“打字员”，人生的主题则是“家庭”。母亲对她最大的期望就是“嫁个好人家”。在一个封闭的小地方，她的聪明和独立使她成为“异类”。久而久之，她屈服了。她像其他女孩那样草草结婚，穿紧身褡，学做饭，把家里收拾得井井有条，生下两个孩子，努力让自己做一位“贤妻良母”。丈夫有体面的工作，她也住上了许多人梦寐以求的大房子。而只有她自己知道，在生活的平静表象之下，她正在默不作声地崩溃。

这本书里说：“女人的伟大在于她们的无私，你怎么不干脆说，女人的天下在家里呢？”

波伏娃说：女性不是天生的，女性是被塑造出来的。一再被讨论的女性问题，也是一再被我们忽略的自身角色，当我们在谈论妈妈的伟大时，就等于承认了女性的角色——一种缺乏个人特质的身份。

成为自己，是一个人生命的意义吧？因为这一生，唯有自己才是自己最后的归宿、唯一的庇护所。父母会老去，伴侣会离开，子女会长大，所有温情的港湾都只能暂时停靠，只有自己才是永远的依靠。

我们一生会成为许多角色——女儿、妻子、妈妈，拥有多元身份。在任何境遇下都勇敢做自己的人，一生最终都属于自己。在成为角色之前成为自己，在成为角色之后不放弃自己，或许就是平凡人一生中最大的不平凡吧！

不论是什么角色，被贴上什么标签，都只有自己才能定义自己，自如、勇敢、柔软、明亮，做自己的太阳。

在成为妈妈之前，先成为自己，或许才是对妈妈这个角色最负责的态度。

『攻击性』是最『美』的力量

“攻击性”是捍卫自己边界的武器。

“攻击性”是自己开疆拓土的底气。

路很长，夜很黑，别赤手空拳上路。

———

从小，我看上去就是个不好惹的人。当然，这是别人对我的评价，我自己并不这么认为。我一直觉得我是一个挺温柔和善解人意的人，可是不同场合的不同人经常跟我表达：我看起来不好惹。每次我都开玩笑地说那一定是咱俩不熟，然后熟悉的朋友会说，熟了之后才发现“不是不好惹，是非常有攻击性”。

细问之下，我发现他们所说的“攻击性”各种各样：

比如，高中时作业写不完，别人会选择抄完，而我会选择跟老师直说“我做不完”；

比如，朋友跟我提出请求，如果我帮不了，我不会找理由，而是会直接告诉他我帮不了；

比如，刚刚工作的时候，我会直接跟领导争取额外的工作，并和 HR 谈判加薪；

比如，遇到吃闷亏，我绝对不会小事化了，而是据理力争。

当然，在教育女儿的时候也是如此。有一次，我带两岁的女儿在游乐场玩，一个小男孩抢了女儿的玩具，女儿经过短暂反应后可怜巴巴地看着我，我只说了一句：“抢回来。”

这些生活中我认为正常的小事，常常被身边人称为有“攻击性”。而且很有趣的是，我长这么大，从来没有人跟我借过钱，除了穷，我觉得很重要的原因就是知道我会直接拒绝，所以根本没人跟我张口。

尤其是我妈，常说我活得像刺猬，浑身上下都是刺。我舅舅甚至在我结婚的时候说，总觉得像我这样的女孩子肯定没人要，没想到居然还结婚了。说的人多了，我偶尔也会反思：我这样是不是不对？

中学时期，我特别羡慕我的发小谢沛，她看起来温柔热情，有求必应，人缘很好，所以我也尝试像她那样，做一个恬静美好的女孩子，但是压抑了真实的自己，我感到的是压抑、僵硬和不自在。因此，在很短暂的尝试之后，我就放弃了，还是“做刺猬”适合我，至少自己爽。

在我大四毕业实习的时候，我妈给我的叮嘱是：“夹着尾巴做人，要收敛自己的性格，不然会吃大亏。”可是进入职场，“狐狸的尾巴”迟早会露出来，刚刚工作一年，我身上就爆发了两次矛盾。

但搞笑的是，这两次矛盾，一次让我升职，一次让我加薪，把我妈和同事给惊得目瞪口呆。而我也由此开始留意和观察自己身上的“攻击性”。

弗洛伊德说过：“如果一个人不能象征性地、合理地表达自己的攻击性，就会出现心理问题。”弗洛伊德关于“攻击性”的阐释给了我特别大的启发，我确实是一个不擅长把怨气憋在心里的人。遇到攻击的时候，我通常都会第一时间反抗，用各种手段排解自己的情绪。而且多年来，在亲密关系上，我一直保持的习惯就是：生气绝对不过夜。不管是吵架还是冷战，我都试图在第一时间把事情解决掉，哪怕事情暂时不能解决，也要把情绪解决掉，就是生气，也可以叫发脾气，保证不带着怨气睡觉。所以，我基本上没有出现过睡眠问题，几乎都是躺下就能睡着。

温尼科特曾经这么形容一个人的攻击性：“每个生命都像一个气泡，如果想要在这个世界上彰显存在，就要扩张气泡的大小。所谓攻击性，就是气泡扩张之动力的直接展现。”

用武志红的总结可以概括为：“攻击性就是生命力。”武志红在讲述“攻击性”的时候曾问过几个问题：

你觉得自己活得真实吗？

你有真切的存在感吗？

你会常常体验到自在吗？

你能充分享受与人相处吗？

你能自如谈判吗？

你能直接谈利益吗？

我第一次看到这些问题的时候深受震撼，因为我的每一个回答几乎都是肯定的。

武志红说，如果上述这些问题你不能给出肯定的回答，那么很可能是你没有活出“攻击性”，你的“攻击性”被压抑了。

电影《泰坦尼克号》里有个让我印象深刻的情节，就是杰克教露丝吐口水。吐口水是一个不文明的行为，是被上流社会轻视的野蛮行为，那为什么露丝会接受学习吐口水这件事情呢？

因为吐口水实际上是一种发泄行为，露丝在自己的家庭环境中被压抑太久了，当她遇到杰克，就像打开了一个全新的世界，杰克的坦然、自在和真实，都是露丝从未见过的风景，所以对她有着深深的吸引。她压抑的自我在遇到杰克后开始苏醒，深深地体验到了不压抑愤怒的感觉有多爽。这里的“愤怒”，就可以理解为“攻击性”。

弗洛伊德曾说：所有的排泄都有快感。“吐口水”这个动作，本质上就是一种“排泄”，之所以会让人快乐，就是因为“排泄”了自己的愤怒。

如果一个人不能合理地表达“攻击性”，也就意味着温尼科特所说的那个能量气泡是坍塌的，具体来说就是：不敢表达自己，不敢捍卫自己的利益，总是忍气吞声、迁就妥协，生命力在不断萎缩。在我们的文化中，可能会认为“攻击性”不好，会更强调要做一个“好人”——不发怒的“好人”，要包容、接纳，可是这样的“好人”是利他的，并不是利己的，严重的被称为“癌症性格”，也就是我们通常所说的“老好人”，总是压制自己、拼命付出，活得痛苦、纠结、压抑。

我的初恋就是这样的一个人，他曾对我说，很羡慕我这样敢说敢做的人，我身上最吸引他的地方就是真实，可以想做什么就去做什么，他感觉自己身上缺少的东西，在我这里完整了。

有人说，做一个“老好人”没什么不好的，至少人缘好，朋友多。但其实不是，从初恋男朋友身上，我看到的是，当一个人失去“攻击性”，也就失去了真实，真正的爱和亲密也会随之失去。因为在一段关系中，不向对方表达真实的想法，就失去了沟通，而沟通是通往亲密最重要的渠道。“老好人”的“好”，因为没有真实的表达，所以会让对方觉得“假”，让对方很痛苦：痛苦一方面来自他不愿意完全袒露自己，另一方面来自很多时候他对别人的“好”，是害怕别人指责的“好”、面子上的“好”，并不是发自内心的“好”。但凡不是真心实意的“好”，都很容易随着时间流逝被戳破。

也许有人会问：“攻击性”是不是就意味着伤害他人？其实不是，如果是伤害他人，那就是“破坏性”了。而我所说的“攻击性”，是中性的原始生命力，是为人处事中的边界感和分寸。想要把“攻击性”活成生命力是需要智慧的。

我有个阿姨就是一个“老好人”。她的父母重男轻女，为了让弟弟上学，她被迫辍学；结婚后，她丈夫染上赌博恶习，她一个人拉扯两个孩子，白天上班，晚上做鞋垫补贴家用；亲戚们知道她好说话，还会找她借钱，而她抹不开面子总是不敢催债；等到儿女都成家了，她又往返于四川和甘肃之间帮忙带孩子。不管是谁，都觉得阿姨是个大好人，操劳了一辈子，到晚年总该享享清福了，可是她在60 岁那年查出了癌症。拿到诊断报告的那天，她抹着眼泪和我妈聊天，说自己忍了一辈子，总以为能苦尽甘来，没想到竟然是这个下场。

小时候，我看到她受了委屈总是忍着，心里难受也从来不说，总是为别人付出太多，没想到竟然忍出病来。很多人觉得，一时的忍让只会让情绪受影响，并不会对身体造成实质的伤害，但实际上，忍气吞声的人，肿瘤发病率比一般人高 3 倍左右。

北京安定医院心理危机干预与压力管理中心主任西英俊表示：克己、压抑、焦虑、抑郁、无助、过分为别人着想的人，被称为 C 型性格者，这样的人内分泌功能容易紊乱，器官功能活动容易失调。随着机体免疫力的下降，更容易患上癌症。（这里需要强调的是：C 型性格跟癌症有很大的相关性但并非因果关系，也就是说，C 型性格的人不一定都会得癌症，只是这种性格的人患病率会比别人高。）

不懂得用“攻击性”来维护自己的感受，极容易沦为“软柿子”。在面对别人的“侵犯”时，不懂得表达自己的感受；在面对自己的正当利益受损时，不敢去正面争取。这可能是长期以来形成的性格导致的。

比如这位阿姨，从小生活在重男轻女的家庭中，不被允许表达自己的正常需求，大多情况下还要压抑自己的需求服从父母，甚至牺牲自己的权利来满足家庭，比如被迫辍学，扛起家里的经济重担，被人压榨已经成为常态。无法表达、不懂拒绝、害怕冲突，造就了她极其能忍的性格，这些隐忍长期内化成了一种模式：先照顾别人的情绪，不懂得拒绝。

但就是这样一位大好人，却经常遭受别人的指责，并没有被尊重和珍惜。阿姨的女儿说："不是常说'好人有好报'吗？怎么在我妈妈身上是这样呢？"

事实证明，一切建立在妥协退让基础上的人际关系，都无法为自己赢得尊重，别人只会认为你毫无底线和原则。所以，要健康地表达自己的"攻击性"，不要压抑自己。弗洛伊德说，性和"攻击性"是人类行为的两大动力。健康的"攻击性"正是我们活着的根本，也是活力和健康所在。

在我看来，"攻击性"是最美的力量。

首先是真实。真实的表达本身就很美，一个敢于真实表达自己的人，就是在向外展现自己的力量。比如，说出自己内心真实的想法就已经是一件很疗愈的事情了。情侣吵架的时候，如果可以真实地向对方表达自己的想法，通常情况下都能完成一次很好的沟通，即使对方无法谅解，在情绪上也更容易接受。真正的亲密不是妥协和忍让，而是不讨好的真实。再比如，前面说的我高中不写作业的事情。那时候是高三，每天有写不完的作业，老师布置的量太大，真的没办法完成，其他同学都选择抄完，而我不想抄，我认为抄作业既浪费时间又得不到提高，纯属糊弄自己，结果全班只有我一个人没完成，当老师叫我去办公室谈话时，我如实告知我的想法，老师虽然依旧认为我这样不对，但却理解了我，并给我宽限了时间。

这里的真实，就是表达“攻击性”的方式：真实面对内在情感，不伪装，也不遮掩，对自己坦诚，也对别人坦诚。后来我发现，不交作业这个事情，就是我用了真实表达这种方式，防止外力打扰我自己的学习节奏。

其次是释放活力之美。我们经常会听到类似于“男不坏，女不爱”“坏女孩总能得到好男人”的话。仔细想想挺有意思的，所谓的“坏”，如果把它理解成“攻击性”，就很容易明白了。具有“攻击性”的人在爱情里更容易释放活力，因为他们不怕真实地袒露自己，甚至是真实地表达需求，所以更能搅动关系的活力，而对于对方来讲，这样的搅动意味着更加刺激和深入的生命体验，会更加让人欲罢不能。这样也就能解释为什么男人不愿意被发“好人卡”了。

那么，如何健康地表达自己的“攻击性”呢？

首先，不要压抑情绪。情绪是一种实实在在的感受，既不会自己消失，也不会转移，我们唯有面对它。比如，生气的时候，尽量在第一时间发泄出来。生气并不是坏事情，但如果因为生气而打人，那就是坏事情了，所以发泄可以用不伤害别人和自己的方式进行，摔枕头、去发泄室、打拳、跑步、唱歌，等等，不管用什么方式，都要把心头憋的那口气发泄出去，不要忍气吞声。

其次，要表达自己的感受。刚刚说了很多发泄情绪的方式，其实还可以直接找到让你生气的那个人，表达自己的感受，将生气表现出来，把内心的想法说出来。有人会认为，表达自己真实的感受可能会让一段关系破裂，但实际上，一个人合理表达自己的感受且不伤害别人，是不会导致健康的关系破裂的；如果真的因为勇敢表达而导致关系破裂，那就证明这段关系也不值得维护，因为很可能是索取型关系和剥削型关系，维护它做什么呢？生气的巨大价值，就是维护自己的权益。《房思琪的初恋乐园》里面写道：忍耐不是美德，把忍耐当成美德是这个伪善的世界维持它扭曲的秩序的方式，生气才是美德。我们应该生气，很值得生气，直到这种事再也不会发生。

只有勇敢结束坏的关系，健康的关系才会到来。不懂得维护自己的感受、一味地隐忍妥协才交换到的关系，并不是健康的关系。每个人都有被尊重的权利，这份尊重必须靠自己争取，而争取的前提是，不要对关系有误解，不要对“攻击性”有误解。

重新认识关系

V

重新认识关系

除了在职场厮杀，更重要的困难是，我们需要面对来自家人的压力。关于婚姻、择业和生活方式，有时候甚至是养一只猫或换个发型，都要和家人做一番抗争。顶住了，就可能逐渐摆脱来自原生家庭的控制；顶不住，则很有可能会走进原生家庭的死循环，成长为一个连自己都讨厌的人。

很多人没有意识到：对于父母，也是需要断舍离的；你所嫌弃的爱人身上，藏着你不敢面对的自己；对待自己孩子的方式，很可能复制了你的原生家庭。

一个人成长的过程，就是处理和身边最重要的几个人的关系的过程，这个过程里的关系，你认知得越透彻，应对得越科学，处理得越恰当，人生的自由和快乐就相对越多。很多时候，更大的阻力和困难在家庭内部，而非外面。

舍弃对父母的依赖

孩子的可怜在于：无论多讨厌父母，内心仍然希望自己可以忠于父母的愿望，扛下父母的责任，并且成为父母期待的样子。等这些孩子自己成为父母之后，又会不自觉地重复用父母对待自己的方式去对待自己的孩子，这样的恶性循环一直延续，直到有一代人觉醒并有力量与之抗衡，才能打破这个循环，活出崭新的世界。

———

自从我在抖音上上传视频分享我的一些观点后，到目前为止，陆陆续续收到了上千封私信，基本可以分为两类：对爱情、婚姻的困惑和对原生家庭的苦恼。总的来说，基本上用“关系”就能概括，也就是自己和身边人的各种关系。

2019 年 6 月到 8 月之间，我陆续收到了一个女孩的私信，内容让我印象极其深刻：

汤老师，你好。我觉得我自己很抑郁，而且每晚都很难入睡。我是 1987 年的，之前谈过两次恋爱，都是在装修婚房的时候因为双方父母吵架闹翻被迫分开的。我从小都是被父母管着的，到现在都是，说得直白点，都有点失去人身自由。到现在，工资还是每月都要上交给父母。我和父母完全没办法正常交流，他们永远是“对”的，我真不知道我该怎么办！

因为之前的男朋友是单亲家庭，母亲再婚，所以我母亲要求对方父母写好遗嘱，才同意我们结婚，对方母亲不同意这种做法。后来我反抗，执意要和我男朋友结婚，我父母就把我关在家里，一周没让我上班，几乎每天骂我，还动不动就打我，后来我受不了，就拿剪刀戳自己手臂，胳膊上全是血。后来他们帮我包扎了。现在每天都给我安排相亲，我都是敷衍过去的。我对生活不抱希望，而且我不想结婚生孩子，我觉得只要我父母活着，我就不会幸福。我现在不太能控制自己的情绪，上班时，易怒暴躁，还会想哭。

最近看了吴谢宇的事件，我都觉得很正常，没觉得他有问题。我不知道我该怎么办。

我之前跟男朋友私奔过一天，父母骗我回家，说同意我们交往，但后来父母就把我关起来了，他们还想报警。

老师，你好，不知道你还记得我吗？我是1987年的，虽然已经32岁了，但是我父母还是在我的日常生活和感情方面都管着我，每个月工资必须上交，一切都要随父母的意。我想说的是，我每个月瞒着我母亲，偷偷藏了不到500元的工资，这是属于我的权利吧？我每次都跟我母亲少说几百，这算欺骗吗？

老师，你好，请教你一个问题：我昨天去相亲了，那个男孩很小的时候母亲就离家出走了。之前，我父母、我和他父亲还有他一起吃过一次饭，听介绍人说，那次饭局之后，他就跟他父亲还有介绍人说：他只想和我谈恋爱，和我结婚，不然终身不娶。但其实整个饭局他都没和我说过话，没有过交流。昨天是我和他第一次单独见面，他总是一个人往前走，根本不管我，我就跟在他后面走。他说话偶尔还会爆粗口，而且交流中还说我脑子有毛病。现在我很害怕，因为介绍人和我父母所说的与他出来和我见面时我所了解到的完全是不同的，但我父母还是要我和他继续交往，我该怎么办？

以上是我选取的她的几段私信。每每读到她的私信，我总有一种窒息感，感觉这是一个生活在“地狱”中的人在发出微弱的求救声，而且她还在质疑自己是否应该这样做，所以除了窒息感，我还有一种深深的无力感。

这个例子里的家庭关系，像沙子撒进了血肉模糊的伤口，呈现一种胶着状态：痛苦的共生，这个女孩“离不开”自己的父母，这里的“离不开”看起来像是爱，但并不是成熟的爱，是恐惧自己背叛；而父母的“离不开”，实际上是想控制女儿的人生。

看起来这个女孩爱父母，却因为父母的控制陷入孝道的沼泽里痛苦不堪，她既不敢恨也不会爱，而且因为恨的是父母，不能向外表达，只能自我消化，就演化成向内攻击自己，外在的表现形式就是自残，拿剪刀戳自己的手臂。

虽然我们每个人都是独立的个体，在很漫长的时光中都需要自己长大，可因为我们是人类，无时无刻不生活在关系中，在关系中确认自己的坐标系，在关系中描绘世界的样子，也在关系中被滋养。可是，发上面这些私信的女孩，已经被父母吞没了，甚至连软塌塌的自我都在逐渐萎缩，活成了一个傀儡。一个 32 岁、有工作、有收入、行动自由的健全人，居然完全将自己的经济大权、人身自由、婚恋自由让渡给了父母，虽然她试图挣扎过（私奔一天，每个月私藏不到 500 元的工资），但她的挣扎完全不具备“攻击性”，并且这样微弱的挣扎，换来的是她对父母更深的愧疚，更深的愧疚导致她对父母继续“言听计从”。

如果我们试试换个角度，从这个女孩父母的角度看，说不定他们还在为自己女儿如此听话而开心呢。

中国有句老话叫“天下无不是的父母”。很显然，面对上面这样的家庭案例，再比如，弃婴，虐待儿童，甚至虐待致死，等等，这句话是站不住脚的。父母给予孩子生命，但孩子并不是父母生命或意志的延伸。孩子总被教育要孝顺父母，但我们却很少听到解读父母心理和反思父母行为的“声音”，所以很多孝顺里总有愚孝的味道。

有些父母其实并不关心孩子和谁恋爱、结婚，而是通过参与孩子的生活来处理自己的焦虑，让自己的意志在孩子的身上呈现，以对抗面对衰老和死亡的焦虑。父母是可怜人，孩子更是。

孩子的可怜在于：无论多讨厌父母，内心仍然希望自己可以忠于父母的愿望，扛下父母的责任，并且成为父母期待的样子。等这些孩子自己成为父母之后，又会不自觉地重复用父母对待自己的方式去对待自己的孩子，这样的恶性循环一直延续，直到有一代人觉醒并有力量与之抗衡，才能打破这个循环，活出崭新的世界。

任何一段不被滋养的关系，都值得我们反思，包括父母。

父母的功能性养育

我们常常会听到这样一句话:“养儿防老”，将养老这样功利的目的堂而皇之地讲出来。“功能性养育”是我在看电视剧《都挺好》时突然想到的。苏家三个孩子，代表了三种功能:

老大苏明哲是用来光宗耀祖的，全家倾尽一切供他出国，甚至不惜牺牲女儿苏明玉的前途;

老二苏明成是用来提供情绪价值的，即使啃老，父母也愿意为他买单;

老三苏明玉则是出气筒，这个家里所有成员的不满和愤怒，都能任意撒在她的身上，每个人都能使唤她。反正女儿是“赔钱货”，朝她撒气、让她干活也算是“物尽其用”了。

每个孩子都有自己的功能，被明码标价、区别对待，家庭不是用爱维系亲情关系，而是以一种功利的目的运转，就连一个鸡腿，也得是大哥吃，所以爱是有差别的。这时候，家庭是一个权力博弈的空间，谁掌握的资源更多、谁更强大，谁就拥有支配家庭成员的权力。当苏明玉离开家，经济实力和社会资源逐渐碾压苏家全员时，权力才被扭转了。

我很欣赏苏明玉认清家庭关系真面目后的反抗精神。任何一个强大的人，其实都需要点“六亲不认”的精神。我这里所说的“六亲不认”，并不是真的不顾亲情，而是面对家庭关系能看清本质，能捍卫自己的正当权益，能守好自己的边界，并在亲人触碰边界时能干脆利落地保护自己。

很多时候，一个人的“长大”，就是通过“反抗”父母达成的。一个不懂得守护个人边界、不懂得为自己争取利益、容许父母的意志在自己身上体现的人，进入社会、职场和婚恋关系，也会变成别人的客体。

父母和孩子的共生是有窗口期的，当孩子没有具备独立生活能力的时候，父母养育孩子是义务、是责任；但当孩子成年、具备独立生活的能力后，父母过度参与孩子的生活，就会变成控制和压榨。

我看到一个很有意思的现象是：有些父母总是在该陪伴的时候缺席，在该放手的时候插手。想想看：在孩子最需要父母陪伴的幼年，有多少年轻的父母生下孩子后，为了给孩子更好的生活环境而缺席孩子的童年？把年幼的孩子丢给自己的父母、留在老家，自己外出打拼事业，而在孩子长大后，需要独立生活、探索这个世界时，缺席多年的父母突然出现？美其名曰要把失去的时光弥补回来，开始全面插手孩子的生活，从生活习惯到恋爱择偶统统指挥一遍，搞得鸡飞狗跳、人仰马翻。父母觉得自己牺牲了那么多、努力打拼却得不到孩子的感激，孩子理解不了缺席自己成长的父母为什么要在自己可以独立生活后寻求弥补，早干吗去了？

父母一辈子都在等孩子说“谢谢”，孩子一辈子都在等父母说“对不起”。

父母并不是万能的

对父母的认识，还有一个很重要的关键在于：父母不是万能的。越早认识到这一点越好。依赖父母是一件让孩子感到安全和舒适的感觉，父母就是我们的底线和智囊团，但随着我们长大，我们应该认识到：父母也会有局限性。

比如，在职业选择方面，有些父母很喜欢给孩子意见，通常会建议孩子选择教师、律师、医生、公务员等职业。很多孩子也非常喜欢询问父母的意见，觉得父母活的时间长，比较有经验。

可是很多人没有意识到，询问关于职业选择的问题时，问什么人比问什么问题更重要：

你要问的这个人是否从事过这个领域的工作？

你要问的这个人是否在这个领域处于顶端？

你要问的这个人目前的生活状态如何？是不是很富有？

并不是活的时间长，就了解一切。一个自己在生存线上疲于奔命的人，却教别人如何赚钱是没有说服力的。实际上，有些父母自己的生活都过得凑凑合合，既没有实际参与过你所在的行业，也不懂得目前社会真实的发展。大多数情况是，他们可能已经成为即将被社会淘汰的一部分人了，对社交软件不能深度使用，对媒体和互联网一无所知。年轻人是要站在未来风口的，怎么能轻信过时的经验呢？

再比如，在婚恋方面，有些父母企图用自己的生活感受“度量”孩子，孜孜不倦地在感情这件无法衡量和计算的事情上分享经验。恋爱、结婚、生孩子，本该是人生的“选修课”，却硬是披着“我都是为你好”的“外衣”变成了“必修课”，原本幸福的事情变了味儿，甚至成为痛苦的来源。

尤其是一些妈妈们，在女儿的人生大事上总是用力过猛，成为健忘症患者：

她忘了自己曾经也有一个没来得及实现的梦想；

她忘了老公出轨后自己流泪到天亮的心痛；

她忘了压在箱底的昂贵连衣裙；

她忘了放到发霉的“骄傲”的高跟鞋；

她也忘了看到标价后把喜欢的包包放回原位的尴尬和无奈。

就是这样的妈妈，却不厌其烦地对女儿说：

“女人一生的头等大事就是嫁个好人家！”

“钱多少算够呢？反正有人给你花啊！”

“这个工作多好，虽然钱不多，但是时间自由，可以接送孩子！”

“何必买那么贵的护肤品呢？都结婚了，要精打细算！”

我也是在自己当了妈妈以后，才开始更多地思考关于父母的话题的。我在养育女儿的过程中悲哀地发现，我越来越像自己的母亲，经常采用小时候母亲对待我的方式去对待我的女儿！尽管小时候我并不认同母亲的教育方式，可是似乎我已经继承了她的精神！发现这件事让我无比沮丧，但也让我意识到，女儿的降临是为了提醒我，女儿才是我的老师，教会我重新看待关系，也给了我重新疗愈自己童年的机会。

年轻的父母其实自己还是孩子，大多是在养育子女的阶段过去之后才获得成为好父母所需的智慧、耐心、理解和爱心的。初为人父人母，挑起养育孩子的重任时，他们只有很少的生活经验，自己还尚未度过被抚育的阶段，就要面临一个生命的到来，他们仍在寻找答案，仍在寻找线索。

他们甚至尚未发现自己，就开始试图引导和养育比自己更幼稚的生命。他们甚至尚未发现自己生命的意义，就开始试图赋予孩子生命的意义。他们甚至尚未定义自己，就开始试图匆忙定义孩子；他们的父母错误地定义了他们，他们仍未摆脱自己父母的影响。

他们承受着极大的生存压力，急于把这件事情做好，可他们本身的生活还没有过好呢！所以，他们很容易搞砸自己的生活以及孩子的生活。

有些人觉得自己出生在一个不好的家庭，在家庭内部遭遇暴力、虐待；有些人虽然出生在一个正常的家庭，却觉得父母太过普通，心里想着如果我的父母是大富豪，有特别好的环境，我会成为一个什么样的人。但我想说的是，大部分人的原生家庭都不太好，我们忽略了其实我们的父母也是“学生”，他们也是第一次学着为人父母，可能也没有被好好爱过。而当有一天，你不再把你人生的所有不幸福、不如意、不成功都丢给父母、丢给原生家庭去“背锅”的时候，也许就是真正成熟了。

对父母的“断舍离”，是放弃对父母不切实际的依赖，也是认清与父母之间的界限，唯有这样，才能既不活得孤立无援，又不至于被亲情“绑架”。

放弃改变自己的伴侣

怎样才算一个好的伴侣？

我的答案是：理解和自我负责。

这两个要求都不是对伴侣的要求，而是对我自己的要求。从 16 岁恋爱到现在，过了十几年，我才发现幸福的秘密在自己身上：当你是 Miss Right 的时候，你才能遇到 Mr. Right；当你对了的时候，世界就都对了。你必须善良、快乐、坚韧又令人喜爱，他才可能积极、阳光、强悍又充满柔情。

大多数爱情在电光火石般发生的时候，都包含一些想象。我们爱上一个人，有可能是这个人引发了我们的某种遐想，所以当激情退去，我们会发现身边的这个人缺点数不胜数，为什么呢？因为我们不是神明，时间是扎破想象的针，婚姻更是一部高清摄像机，在高清镜头下，人性的毛孔一览无余。

我爸妈吵架的时候常说：我当初怎么瞎了眼，看上了你？！

仔细想想看，感觉他们生活了大半辈子，却好像才认识对方似的，就像今年春节档的电影《囧妈》里张璐说的那样：

“这就是我们俩之间的问题，你心里面长了一个幻想的老婆，她应该喜欢什么，讨厌什么，该怎么说话，你全都设定好了，你为什么要锲而不舍地改造我呢？都这么多年了，你难道还没有意识到我不是你想的那个人吗？”

从这一句台词中，我看到的就是没有理解。当有爱情没有理解时，痛苦的就是两个人。伊万爱张璐吗？答案是肯定的。可是他没有理解妻子，所以爱得不准确、爱得功利、爱得窒息，把妻子“爱”跑了。

伊万的爱在张璐这里是什么呢？张璐感受到的只有否定。当你打着“我这都是为你着想”的幌子去改变对方的时候，传达的意思就是：你这里做得不对不好，你应该这样那样。即使张璐试图解释、试图沟通，在伊万身上也等于“鸡同鸭讲”，离婚是必然的。

伊万和张璐是千千万万夫妻的缩影。恋爱和婚姻为啥差距这么大？因为这就是幻想与现实的差距。

所以，理解在爱情里特别重要。当你理解伴侣的内在感受时，就是在认可他，让他感到自己不是孤独的，有一个人和他共情，他的情绪被人接纳。这是爱情里安全感的基础，因为理解下的共情有深深的连接感，可以填补内心的不安和孤独。

然后就是自我负责。我始终认为，爱情是发生在两个独立的、完全能为自己负责的人身上的。爱情既不是谁对谁的救赎，也不是谁对谁的补偿，爱就是爱，是没有功利心地欣赏一个人。

可能因为我是个对人性悲观的人吧，每次听到有人说对爱情理想的样子就是“从一而终”时，我都觉得不切实际。很多人认定的“从一而终”，表面上看起来是在追求纯粹的爱情，实际上却是无法对自己的选择负责，无法领悟到自主和自由的可贵之处，试图依靠捆绑伴侣、依靠占领道德高地来获取安全感。这个道理很容易想明白：当你要求自己的伴侣对你“从一而终”时，就相当于把这份感情的自主权交到了对方手上，把自己变成了一个需要别人对你负责、把你的喜怒哀乐都放在别人身上的人。一个把喜怒哀乐都放在伴侣身上的人，他的伴侣不会累吗？又能扛多久呢？

想清楚这一点后，我发现自己的感情生活豁然开朗。

我开始重新将注意力放在自己身上，学习、工作、休闲，自得其乐，我不再期盼他不出差，有大把时间陪我；不再神经过敏地查岗，不再询问他晚归都见了什么人。我需要对自己负责，而不是眼巴巴等着他对我的情绪和时间负责。

当我们在一起时，就充分享受在一起的每一刻，一起看电影、逛街、做饭、睡觉、聊天；而当我们不在一起时，我也能将自己的生活安排得丰富有趣。

我发现，一个人不能享受独处，在关系中也很难享受亲密。

爱情里，把自己的期待投射在对方身上，锲而不舍地通过改造对方来证明对方爱你，可能一开始就错了，因为爱不是迁就和忍让。虽然因为爱，我们有耐心也愿意主动去迁就，但时间长了以后呢？人是很难改变的，因为爱可以一时改变，但当耐心消磨殆尽时，就开始消磨爱了，“结局”都不会很好看。

我有一个室友“山东小甜心”，从认识她开始，她就从来没有过空窗期，男朋友一个接一个。只要一和她吃饭，她就会不停地说，比如：

“蓓蓓，他宁愿打游戏也不陪我，是不是不爱我了？”

“蓓蓓，他刚刚没接我电话，我连续打了十几个，他居然直接挂了！”

“蓓蓓，他不给我花钱是不是不爱我？”

“蓓蓓，我觉得这个男朋友对我不好，我得赶紧找下一个目标。”

每次和她吃饭都让我“毛骨悚然”，可我又总会忍不住怼她：

“哪有人没爱好的，总不能要求他 24 小时贴身待机吧？”

“他没接电话可能在忙，绝命连环 call 很恐怖的！”

“喜欢的东西自己买！买不起的也别指望他！”

“男朋友又不是牙刷，不好用了就换一个，兴许是牙的问题呢？”

当然，我的这位室友从来也不听我的，一如既往地在失望和盼望中纠结摇摆，换了一个又一个，总是想通过改变对方来证明自己是被爱的，结果一次次失望、灰心丧气，说自己总遇到“渣男”，最后考研也失败了。

我曾问过她：为什么总是换男朋友，其实完全可以先把自己的生活过好，该考研考研，该工作工作，没必要总期待有一个男人来为你负责啊！她的回答让我很惊讶，她说，没有人陪，她很不自在，没有爱情她会死，只能不停地谈恋爱。她还说，她没有安全感，想找一个人结婚，可以对她负责一辈子，就不用担心分手了。

她的感情之路可能还会继续坎坷。爱情可遇而不可求，如果把男朋友功利地当作解决孤独的工具，真的很难获得一份健康幸福的关系。因为任何一个人都需要自己的空间和时间，哪怕这个空间、时间是用来发呆、看书的。学会独处是一件很重要的事情，让我们有机会与自己对话，在节奏紧张的工作中放空一下，也是让自己充电的机会。

爱情既简单又复杂，如果爱一个人，能真实地呈现自己，对对方不做批判、不去改造，而是了解和尊重对方，尊重一个灵魂在这样一个世界的命运，也尊重自己个人的感受，彼此守住界限，幸福也就自然而然产生了。

我不控制你、不改造你，也不忍心将各种知识和本领用在你的身上，我只希望那个带着本心的自己和你的本真相遇。

理解和自我负责，是我对自己的期许。希望有一天，我的伴侣会对我说："你是个不错的伴侣。"

放下改变孩子的执念

大多数父母的烦恼来自：试图用自己的方式改变孩子，不愿承认孩子是一个独立的人，妄想用自己有限的人生经验去指导孩子的人生。

法拉奇在《给一个未出生孩子的信》中写道：

我从不曾急切地期望着你的来临，尽管我知道你有一天终会存在于某一时刻。我在这种意识中，一直在久久地等待着你。但我仍向自己提出了这样可怕的问题：你是否愿意来到这个世界上？是不是有一天，你会带着责备的心情冲着我大声哭喊："是谁赋予你权利，让我降临在这个世界？你为什么要把我带到这个世界上来？为什么？"孩子，生活就是这样一种艰难的尝试。

这个世界上的孩子一点也不少，但并不是每个孩子都快乐。在他们出生之前，没有人问过他们，是否愿意来到这个不尽如人意的世界。他们纯洁天真，也没有向大人提任何条件。不要把给予生命看成是最大的恩赐，不要期待孩子的到来是所谓的“报恩”，不要用“我生了你，你就该如何如何……”的思想绑架孩子。

在怀孕的时候，我经常会幻想宝宝的样子，偶尔也会有一腔热血，想要将自己的所有经验都告诉她，甚至上什么样的幼儿园，读什么课外书，每周去几次图书馆，以后去哪个国家读书，我都规划了一遍。由于我特别希望是个女儿，所以我连用什么语气讲“月经是怎么回事”都准备好了！想了这么多，心里竟升腾起一股自豪感：真羡慕我的女儿有这么好的妈妈！

但是，我很快就被“打脸”了。

我曾经以为，生了女儿后，女儿的成长会基本遵循我的规划走，就算有计划外的事情，也不会差太多。可实际上，我被女儿“折磨”得精疲力竭！不对，我是被自己“折磨”得精疲力竭，我的所有痛苦，都是自找的。

比如哭闹，想买的东西、想吃的零食不能及时被满足，不分场合的哭闹到底如何应对？

比如吃饭，到底是尊重孩子的感受还是相信自己的判断？如果尊重孩子的感受，很有可能一天基本上吃不了几口饭，营养不良怎么办？

比如玩玩具，面对女儿把玩具拆得支离破碎，我总是很生气，但女儿却对我演示的玩法根本置之不理！

比如穿衣服，到底按照自己的喜好还是按照孩子的选择？孩子知道冷热吗？着凉感冒怎么办？

比如玩耍，玩耍总是受伤，到底是让她玩个痛快重要？还是保护她不受伤重要？

看起来都是日常生活里的小事情，但落实到具体的场景里，真的让人十分抓狂！我想象中，有了女儿后的画面是：她梳着漂亮的羊角辫，穿着漂亮的小裙子，水汪汪的大眼睛冲我眨巴眨巴，甜甜地喊着“妈妈，我爱你”。可实际上，我们家里每天都是：扎好辫子后，不到半个小时就披头散发得像个“小贞子”；衣服每天至少换两三次，因为你不知道哪一刻，酸奶、果汁、饭汤就会与衣服亲密接触；水汪汪的大眼睛倒是真的，随时可以哭得上气不接下气，还会生着气双手抱在胸前瞪着我：“妈妈，我不跟你好了！”

我最大的问题就是：用成人的规则去要求她。哪怕因为她去学习心理学和育儿知识，最初也是为了让她听话，能按照我希望的样子去改变。大约到女儿一岁多的时候，我才意识到：把孩子当作白纸来教育，就是一个谎言！

有个说法是：孩子就像一张白纸，而家长是画笔，画笔在白纸上画什么颜色，白纸就呈现什么颜色。长久以来，我对此深信不疑，觉得家长的教育对孩子的塑造非常关键。可等到自己做了妈妈，才发现孩子压根就不是白纸啊！她的性格、喜好、性别，在她是个受精卵时就已经决定了，后天的教育并不是塑造，而是在了解的基础上挖掘和开发，给她提供发展的各种条件。也就是说，所谓的教育，只不过是在了解和尊重孩子的前提下，尽力发现天赋和优势，给她提供能力范围内的各种条件辅助她而已！

如果我们忽视孩子先天的因素，过分强调后天环境的重要性，那么花再多的时间和精力都是白搭。这个道理和谈恋爱同理，如果你不去了解一个人，而只是拼命对他好，那么很有可能是白费工夫，连成为“备胎”的可能性都很小！在养孩子和谈恋爱上，并不奉行“天道酬勤”的准则。

明白过来这个道理后，我开始从意识上转变对女儿的教育方式，把了解她作为前提，这时我才发现自己真的太自以为是了：先入为主地把成人世界的那一套用在孩子身上，觉得自己付出了很多，而她却不领情，殊不知，真正委屈的明明是女儿啊！

就拿之前困惑的几个生活问题来讲。

比如哭闹。通常，哭闹是孩子表达情绪最常用的方式，遇到想买的东西、想吃的零食不能及时被满足，或者满足得不够，有可能在超市、公园、饭店等场合，不管三七二十一就开始放声大哭。

其实，哭是很正常的，哭不等于胆小，也不等于无理取闹，哭的背后是悲伤的情绪，孩子难过的情绪是中性的，没有好坏之分，哭只是她表达伤心的方式。

有一次在超市，女儿看中了一个芭比娃娃，询问姥姥能不能买，姥姥拒绝了，因为她已经有好几个芭比娃娃了。于是，隔着几个货架的我听到了一声熟悉的哭叫声。在这样的情况下，我走过去，选择先询问她哭的原因。之所以先问她哭的原因，一是让她感受到我对她情绪的在意；二是我得确认她哭的原因是什么，从而放下自己的判断，为之后的沟通做准备。

也许是太过伤心，哭得上气不接下气的女儿好半天才恢复正常呼吸，委屈巴巴地跟我说：“我想要这个芭比娃娃。”

接着，我看着芭比娃娃说：“这个芭比娃娃确实很漂亮，对不对？她和家里的娃娃很像呢！”

小家伙听到我赞美芭比娃娃，顿时来了精神，兴致勃勃地跟我讲：“对呀，妈妈你看，她的厨房有粉色的锅，而且这个裙子亮晶晶的，家里的娃娃都没有耶！”

然后，她满怀期待地看着我。我接着问：“你是因为这个娃娃有粉色的锅和亮晶晶的裙子，所以想买对不对？”

她连连点头，长长的睫毛上还挂着泪珠。我看了看标价，然后掏出手机搜索了一下，发现网购比在超市买便宜了近一半，但是需要等待一天的时间。于是，我决定把选择权交给她：“宝贝，这个芭比娃娃可以买，但是如果在网上买，能够花更少的钱，还可以不用自己搬上楼，快递叔叔会送到家里来，你愿意多等一天吗？”

她依依不舍地看了看娃娃，然后问我：“妈妈，你确定明天快递叔叔能送到家吗？我明天能见到她吗？”

我拿出手机跟她确认娃娃的款式和包装，然后肯定地说：“如果我们现在下单，不出意外的话明天下午就能到了。”

她放心了，拉着我的手说：“那好吧，我们在网上买。”说罢，就去挑选饼干了。

如果放在以前，我可能会认为她是无理取闹，明明家里已经有好几个芭比娃娃了，看见新的还想要！可是现在，我愿意多问几个为什么，听一听她的想法。因为在养育的过程中，我发现，看起来无差别的小物件，可能对她都有重要的意义，我买给她的不只是玩具，还有一份满足感。满足感有多重要呢？满足感能让她活得不匮乏，并且懂得用语言沟通的方式跟父母提要求，大胆地将自己的需求讲出来，用合理的方式争取自己想要的东西。

想要拥有某一件东西是没有错的，错的是用“不合适”的方式去拥有。就像这个芭比娃娃，其实大多数家庭都买得起，我希望她不是用哭，不是用满地打滚，也不是用耍赖的方式，而是用语言和爸爸妈妈沟通来达成买娃娃的目的。其实，不止小孩，大人不也常常为了一条美丽的连衣裙、一双限量版球鞋而渴望不已吗？在条件允许的情况下，尽力去满足孩子，不正是身为父母应该做的吗？

至于吃饭，在前面我就写过“有一种饿，叫你妈觉得你饿”，但到我这里，我却依旧执行得不够理直气壮，不过实践证明：胃是孩子的，吃饭得尊重孩子的感受。我所要做的，就是在吃饭的事情上立好规矩：

零食要在正餐后吃，不要贪多；

到饭点必须和大人一起用餐，不开小灶；

如果不饿，可以少吃一点。

再来说说玩玩具。不管是乐高、玩偶、包包、衣服或者首饰，只要交给女儿，几乎没有完整地恢复过原样！面对女儿把玩具拆得支离破碎，把各种功能用匪夷所思的方式混搭起来，我总是很无奈。后来，我发现自己可真是自找烦恼，这个道理不就相当于顾客买了面粉，你管顾客把面粉做成馄饨还是包子呢？

玩具不是用来爱惜的，玩具就是用来玩的。玩具买回来，就是要让它物尽其用。让孩子发挥创造力，各种探索、使用它，用成年人根本想象不到的办法去倒腾它，才算发挥了玩具的功效。

穿衣服也是，给孩子选择就是了，让她相信自己身体的感觉，并学会为自己的健康负责。

玩耍更是，尽情玩耍难免会受伤，但受伤不能成为剥夺孩子玩耍的借口，磕磕碰碰是探索世界带来的后果，我们要做的是教会孩子保护自己，而不是否定孩子玩耍这件事。

不管是哪一种养育孩子的方法和流派，都要以了解孩子为基础，放下改变孩子的执念。做到这一点，教育才算是开始了。因为孩子不是马戏团里的动物，不是通过训练来成才的！作为妈妈的我，也是有了女儿才发现，其实女儿才是我的老师，她带给我的远比我给她的多。好的养育是双向的，既养育子女，也被子女养育，我们是平等的，需要一起成长。

当了妈才知道，父母是要走下神坛的，需要放下想要改变孩子的冲动；

孩子是自己生的，养育他是义务，别觉得孩子欠你的；

父母比孩子早出生几十年，看起来经验丰富，实际上没啥了不起，不要试图用过期的、有限的经验指导孩子的人生，孩子到了父母的年纪，一定比父母懂得多得多；

多发现和欣赏孩子的优点，要感谢自己的孩子，因为他让你享受到了拥有后代的满足感、成就感、幸福感；

当孩子成年后，父母留给孩子的钱，孩子有权去做自己喜欢的事，不要让孩子产生负罪感：孩子拿了你的钱，就得干你喜欢的事，那是雇佣关系；

要明白，含辛茹苦养大的孩子也有权不爱你或者断联，如果没这个觉悟，最好在生育前深思熟虑，因为任何人的爱和钱，都不能胁迫一个人丧失自由。

做父母的，开开心心地过好自己的生活，对孩子也是一种好的教育，至少你让他发现：人活着是件很有意思的事，他才愿意好好地努力，好好地活着。

闭上你的嘴，抬起你的腿，走你的人生路，演示给孩子看。

重新认识友情：不是必须志同道合

从来不会想起，永远不会忘记。

我心情不好的时候就约刘老师，在赴约的路上我就“痊愈”了。

刘老师是谁？

刘老师确实是个老师，北京人，我的大学同学，不同班不同系，因为加入同一个社团而相识，在大学默契搭档了四年。毫不夸张地说，刘老师是我的“精神支柱”，因为有刘老师的缘故，我在北京多了一份安全感。

曾有学生问我：怎么样才算是好朋友？我想就是刘老师这样的吧：从来不会想起，但永远也不会忘记。

虽然我和刘老师都在北京，但我们其实很久才能见一次。甚至有一次，我们俩回忆上次见面的时间，居然隔了一年左右。即便如此，每次见面，我们既不会感到陌生，也不会缺乏共同语言，压根也不需要耗费时间去解释彼此不在时发生的那些事的前因后果，舒适得就像是昨天才刚刚一起吃过饭聊过天！

她身上有一个很神奇的功能：任何时候我们见面，我都感觉自己更好了。有的时候见面也没说几句话，甚至我们俩就那么坐着刷手机玩，也能感觉到充分的舒适与自在。不用担心对方被冷落而尴尬，也不用费心去想可以说些什么，这种感觉简直不要太好！

刘老师拒绝我从来不含糊。

我特别喜欢她这个优点。

我们俩没有什么客套，约会和麻烦对方从来都是没有“前戏”，直奔主题：

“约吗？”

“约！明天有空。”

“好，去哪里？”

“老地方。”

简单直接，沟通成本极低。如果没空，刘老师则会直接拒绝我，我就不再问。麻烦对方也是，如果能帮，就利利索索帮；如果帮不了，就直接拒绝，既不需要惺惺作态，也不用找借口推脱，而是相信对方能做出合理的判断，欣然接受并尊重对方的选择。

刘老师向来是有什么就直说，从不拐弯抹角。她这样反倒让我踏实，心无杂念。我觉得特别好，我们不需要为拒绝而额外付出精力去解释，也不会因为对方拒绝就心存芥蒂。

我们就这样在各自的世界里相安无事，相处淡如水。我们之间的距离是远近相安，我们之间的情谊是界限分明，不强迫、不黏人，淡而深远。即使两个人走着相反的路，也还一直肩并肩支持着对方。

说到友情，我又要说到优优了。之前，我在文章里写过她，这个我第一眼看去十分抗拒的女人，竟然是我工作以后收获的第一个挚友。

她也有一个神奇的能力：没有什么是不可以聊的，“无节操”“无底线”那种。我跟优优真的是什么都能聊，从吐槽老板到“夫妻生活”，没有什么不能成为我们的聊天内容。而且，诡异的是，不光是嘴上说说，即使我生活中做了什么“离经叛道”的事情，到了优优这里，好像都能被理解和接纳。所以，我们会经常分享秘密，不用担心被批判，也不用担心因为对方和你有不同意见而分离。我们之间是“如其所是”，真实呈现自己就好，不评判，不改造。即使优优和我的某些想法完全相悖，也不影响我们的亲密，尊重差异就好了。

比如，她喜欢浓眉大眼的帅哥，而我喜欢小眼型男；她喜欢黄金首饰，而我喜欢钻石铂金；她喜欢打麻将，而我最讨厌的娱乐就是打麻将。还有育儿观念、吃饭口味和沟通方式，我们都是天壤之别，可这些差异并不影响我们之间的信任和亲密。我一直说她是我最有趣的朋友，透过她，我看到了一个完全不同的世界。我们彼此尊重，不仅仅体现在相互之间关系密切，更重要的是尊重并允许对方发出不同的声音。

余秋雨曾说过：友情因无所求而深刻。

朋友不是玩伴，不是人脉，不为任何功利原因而搭建。朋友也不必天天形影不离地在一起，而是即使相隔万里，也能感受到真诚和关怀。他对你无所求，但当你遇到困难时，他一定不会躲避。

和而不同、求同存异、志同道合，都可以是友情的样子。

刘老师和优优，都是我相识多年的朋友。从时间上来说，算是长期社交了，像这样的朋友，身边有两三个足矣。真正的朋友，是无所求的，我不期许从你这里有所得，你也不期许从我这里拿走什么。

除了长期社交，还有短期社交。我们生活中的有些友情，其实是没有什么必要去维系的。不属于你的圈子，硬挤也是挤不进去的；属于你的朋友，不需要费心维护也可以长长久久。我们最重要的事情是要把大部分的精力花在提升自己上，而不是浪费在维护关系上。饭局再多，关键时刻能帮到你的朋友也总是那么几个，合理的搭配应该是：极少数的长期社交+丰富多样的短期社交组合。

极少数的长期社交，是快乐的源泉之一。快乐的价值是无法用金钱和利益来衡量的。有趣的是，这样的长期社交大多都不需要刻意维系，自然而然就保持多年，舒适且绵长。

丰富多样的短期社交，是满足生活和事业多样需求的，有的是因为合作关系，有的是因为利益牵扯。一些自己没办法搞定的事情，需要通过合作来达成，或者请人帮忙，这时，短期社交就开始了。如果幸运的话，短期社交里也会留下长期社交的朋友。

西谚有云：“朋友的可贵，就在于自由。”朋友是无用的、不功利的；真挚的友情，只重达意，不拘泥于形式，不拘泥于小节，就这么自由自在，自然而然。关于友情，虽然有人说，再多溢美之词也改变不了等价交换的内核。但我认为，这里的“等价交换”是中性的，既有精神交换也有利益交换，不管是基于快乐的“无所求”，还是基于利益的“有所求”，社交都是让人丰富和快乐的方式，更重要的是，可以学习和见识更大的世界，怎么看，都是一份美好。

重新树立财富观

成年人的尊严，很多时候是用钱堆起来的。

钱是一个人能力的体现；

钱是一个人的实力和底气；

钱更是一个人面对生活的选择权。

没钱谈尊严，靠什么谈？

靠自信吗？

如果让我选“话语毒药排行榜”，第一名绝对是：“别那么拼，别那么在乎钱，幸福和金钱无关。”那些天天说“体面生活与钱没啥关系”的人，可能十有八九根本就不缺钱！但我不是，没钱就没有体面的生活，顶多算是“活着”吧。

很多时候，三分体面的生活，可能就要花费十分力气。很多人劝我别那么辛苦，别那么努力赚钱，我只想说：“世界和平就交给你了，赚钱这种俗事，有我干就行了！”

我听过“金钱是万恶之源”，也听过“男人有钱就变坏，女人没钱就变坏”这种话，小时候总渴望有很多的零花钱，但又想不通为什么长辈们总说钱的坏话。后来才明白，钱作为一种流通的货币，并没有好坏之分，不管你喜欢还是讨厌，它都是一种客观存在。而且，不管你渴望还是厌恶，也并不影响金钱的价值，一切都只是人们对于金钱的看法而已。

在我们父母辈的那一代人看来：一个会省钱的人，就是一个会过日子的人；一个总是花钱的人，基本等于“败家子”。无节制地省钱变成了一种被推崇的生活方式。所以，我从小被长辈教育要省钱，但随着年龄增长，我吃了不少“省钱”的亏。

比如买衣服。

看见超惊艳的外套，除了贵没别的毛病！不买吧，睡不着；买吧，超出预算太多，于是自作聪明地从淘宝买一件类似的，虽然做工和面料差了点，但是“省钱”啊！结果收到货发现，根本没法穿，到处都是线头，版型差得无法出门，更别提出席一些商务场合了！于是花费了高昂的情绪成本和时间成本来处理售后问题。没穿到喜欢的感觉，还赔进去了好心情和时间。

这次自作聪明的“省钱”之后，我发现有些我们平时想当然的事情往往经不起琢磨。省钱的初始动机是什么？是可供自己支配的资金太少。当手中可支配的资金很少时，人当然会变得抠抠搜搜，因为根本没有选择权，这是一件甚至都不用别人教就能学会的事情。

省钱不代表财富增加，花钱也不代表财富减少，节省和花掉只是财务调配的问题，根本没有道德偏向。省钱的时候，我觉得省下来钱对我有好处，这是一件利己的事情，让自己高兴的事情，因为可以省下来钱干别的事情，让钱利用得更高效，或者单纯看着存款账户数字就开心。花钱的时候，我觉得花钱可以让自己更美、更博学、更开心，这也是一件利己、让自己开心的事情，因为钱可以买化妆品和漂亮的衣服，而化妆品和漂亮的衣服可以让自己变得更美；钱可以投资在学习上，让自己升值；可以投资在理财产品上，让财富增加；钱还可以用于节省自己的时间，或者用来购买别人的时间，让自己的生活更高效。

学会记账，及时检查收支是否健康、消费有没有存在误区是有必要的，但无节制地省钱是个“大坑”，因为可能会让你付出高昂的情绪成本和时间成本。比如在出行方式上，我们很少见到挤地铁的 CEO，王健林或者马云这样的企业家更是不会出现在公交车或地铁上，为什么？因为对于他们来讲，时间是最宝贵的。

在北京，很多人每天上下班都要坐地铁，刚毕业的我每天出行也是地铁。那个时候的感觉就是，每天最累的不是工作的 8 小时，而是上下班路上的 2 小时，因为我经常被地铁里的人流挤到怀疑人生，严重的时候，在国贸换乘时我会被人流挤进车厢，而双脚都是腾空的！除了拥挤、空气质量差，最让人抓狂的就是遭遇地铁“咸猪手”骚扰，所以那个时候我就发誓，一定要努力赚钱买一辆车！

后来，我如愿以偿地买了自己在北京的第一辆车，虽然开车比地铁上下班经济成本更高，但其实我的生活效率有了大幅度提升：

节省时间。不用花费大量时间在排队等待上。

节省体力。不用动不动就站几个小时，也不用提重物。

节省情绪成本。不用再怕地铁“咸猪手”，有一个属于我的私人空间。

生活更从容。不用怕穿高跟鞋，我会在后备厢常备高跟鞋和备用衣服，如果临时要参加晚宴或者商务场合不至于慌乱窘迫。

效率提升。在车上我可以听单词和课程，把路上的时间充分利用起来，让自己增值，赚取更多的财富。

幸福感提升。不用饿着肚子赶路了，可以随时在车上喝水吃东西，不会打扰到别人，也让自己更舒适健康。

所以，我的省钱原则是：在能力范围内给自己最好的。

因为“自虐型省钱”最浪费钱。

所有的将就，最后都会连本带利报复你。不要因为没钱，就拿时间去省钱，如果没有任何技能上的提高，只会越省越穷。花钱和赚钱都是很重要的能力，缺少任何一样都会让快乐受损。人一旦成天想着省钱，就很难有更多精力考虑赚钱了。不要幻想一夜暴富，努力赚钱提高收入，让收入超过支出，才会有更多选择的空间。

富有的生活千姿百态，贫穷的日子大致相同，在前面说了那么多不用无节制地省钱，并不是鼓励疯狂消费。我虽然反对一味省钱，但也不赞成乱花钱，而是希望大家树立正确的金钱观。

开源比节流重要

开源节流，顾名思义就是增加收入，减少支出。

我小时候经常听老人说这样一句话：省下来的就是赚到的。我们来打个极端的比方：一个年收入 5 万元的人，就算不吃不喝，把这 5 万元全部存起来，不做额外的消费，算上每年工资有一定幅度的增长，10 年也就才能存下来五六十万，这还是不生病、没有大额支出的情况，而且还没有把通货膨胀的因素考虑进去。十年前和十年后同样金额的钱，价值是一样的吗？

所以在金钱上，积少成多的道理并不适用。因为从经济角度看，积少成多是一种静态思维，既没有考虑通货膨胀导致的货币贬值，也没有考虑金钱附着在人身上的价值变化，所以不符合实际，也经不起推敲。

省钱的正确打开方式，是在不牺牲体验和其他重要代价的前提下进行。但总的来说，增加收入显得尤为重要，因为节流有上限，一般受制于收入；而开源则没有上限，多多益善。

钱真的可以买来快乐

我在 20 岁的时候，对挎着 LV 的姑娘嗤之以鼻，觉得花几万块钱买个包纯属脑子有问题，不就是装个东西吗？几百块钱的真皮包结实耐用得很，尤其是背着“大牌”挤公交赶地铁的姑娘，我觉得都是爱慕虚荣、死撑门面，心想：“明明没钱，干吗要装？”

直到我自己买了第一个 LV，我的这种偏见才被矫正。

不找代购，也不用在国外拥挤的专柜排队，去国贸悠闲地挑选一个自己喜欢的 LV，简直就是一举多得：

生活已经这么艰难了，应该适当给自己一个奖励啊！

刷卡的时候爽，之后用一次爽一次；

配得感，我自己值得一切最好的；

会让你的生活充满动力；

当你拥有过，就会觉得所谓的奢侈品也不过就是一个生活用品，并不会给你的生活额外带来什么，只不过是在消费能力之内选择商品罢了；

当我再用一百多块钱的包时，更坦然了。

钱真的可以买来快乐。有计划地选购一些很贵却很好的东西，可以让自己的生活越来越好。不管是省吃俭用还是加班、兼职赚钱，在自己能力范围之内，最大限度地让自己过得满足舒适，充满世俗的乐趣，不仅能抚慰敏感脆弱的自尊，还能对得起生活。

人生是残酷又直接的，有钱就可以任性：失恋了可以去土耳其坐在热气球里哭，可以去巴厘岛对着大海哭，可以在埃及金字塔下看着狮身人面像哭，可以在北海道敷着面膜坐在温泉里哭；而没钱，只能蹲在马路牙子上提着啤酒哭，想想就心酸，是不是这时候来一碗裤带面和马路牙子更配？

没钱就努力赚钱，这永远都是最靠谱的路。越活越体面的人都懂得努力赚钱是正解，对钱有正确的认知，并采用正当的方法去拥有它，最后用健康的方式使用它。

先脱贫再脱单

成年人的尊严，很多时候是金钱给的。我的抖音和微博常常收到很多私信，很多女孩跟我抱怨男朋友赚钱少，抱怨男朋友的礼物不够上档次，甚至还有的女孩，自己赚钱能力一般，却期待有一个“富二代”男朋友来为自己买名牌包、送跑车。每次看到这样的私信，我心里都特别不是滋味，通常我会说以下几句话：

自己想要的东西，自己努力赚钱去买；

你在选他的时候，他也在选你；

你弱的时候，渣男最多。

别再抱怨自己遇人不淑了！很多时候，别人对待你的态度，取决于你怎样对待自己。你舍弃底线一味付出的时候，就不要怪别人得寸进尺不懂感恩，毛病都是自己惯出来的。自己种的因，这个果多难吃也得咽下去。

很多时候我们恋爱、结婚，你在挑选对方的家世、外貌、人品、工作时，其实对方也在挑选你，承认自己势利的人很少，但不说不代表不是，外貌、钱、人品，哪一个不是争抢的资源？

我曾在微博呼吁女孩少看偶像剧，因为看久了真以为自己有一天会“麻雀变凤凰”。但凡一个人够出色的时候，都愿意找一个跟自己实力（才华、赚钱能力、外形）匹配的人。现实中的婚姻，大多数是清华的找了北大的，耶鲁的找了哈佛的，经济学家的老婆可能是社会学家。一切长久的关系，都是从门当户对开始的。

没动力的时候，给自己一点刺激

我在没动力赚钱的时候，喜欢去 SKP 逛逛，看看新款的包包，让自己记住那种“喜欢又买不起”的感觉。每次出来后，就会斗志满满地投入到工作中去。我曾经在一本书里看过这样一个留学生的故事。

有个姑娘在巴黎念经济学，钱包空瘪。为了减轻家人的负担，她天天在餐馆里洗盘子，打工下班后去华人超市买最便宜的蔬菜，然后再赶公交车回学校。她每天都在极度缺乏睡眠的状态下学习和糊口，每天清晨被生活逼着出门，带着她褶皱不堪的外套和蓬乱的头发。

有一天，她路过一家富丽堂皇的餐厅，被装修高档的门面和精致优雅的食客震住了。她在玻璃门外站了足足5分钟，看着里面光鲜体面的食客，觉得异常羞愧。

于是，她做了一个让自己都意外的决定：将自己褶皱的外套和蓬乱的头发整理了一下，走进了这家餐厅。

服务员的笑容和里面的音乐让她舒适极了。她被领到一个靠窗的位置坐下来，服务员恭恭敬敬地递给她一份菜单。她做好了“最坏”的打算——大不了吃掉两周的薪水。

结果是，她吃掉了一个月的工资！

可这次她没有心疼，心态反而奇妙地发生了变化：

那些美好的画面、精致的餐具、迷人的音乐、举止优雅的食客，常常出现在她脑海里，隐隐变成了她的动力——“我要配得上这些”。

她开始画一丝不苟的妆，注意自己的仪态举止，赚钱的动力更足了，梦想着有一天自己就是那些精致的食客，不急不缓、愉快地享用精致的晚餐。

之后的日子里，她总是鼓励自己选择一个好一点的餐厅吃饭，从第一次走进奢华餐厅的忐忑不安，到可以随意点喜欢主菜的从容，这何尝不是一种进步呢？

当你坐在一家极具情调的餐厅，被一群优雅的人包围着，从容切下一块牛排放进嘴里的时候，你不会心疼这顿饭的价格，也不会在乎是独自一人还是亲朋好友陪伴，你只会拥有一份坚定的信念：“我要更加努力，去拥有这般优雅的生活。”

逼婚的实质是什么

表面上看起来是“分离”，

实际上还是一种操控。

我身边有一位朋友，已经8年没有回家过年了，每年都以工作忙为借口搪塞父母，因为她已经39岁，但还是单身。她不是不想回家过年，而是害怕回去，害怕家族成员集体对她逼婚。

我没有经历过被逼婚，一开始不太理解这种不回家的选择，觉得到底是多可怕的力量能让人放弃一年只有一次的团圆时刻？后来，身边的朋友陆陆续续进入30岁，几乎无一例外地被父母逼婚，而几乎每一次和我的这些朋友们见面，他们都会跟我倾诉被逼婚的痛苦。我听到了各种各样匪夷所思的故事，让我对逼婚开始有了更多的思考。

因为我自己没有过被逼婚的经历，也没有相过亲，所以一直对相亲这样的形式充满好奇，甚至萌生了让朋友带着我一起去相亲的想法。我特别想知道，感情这种模糊不清的感觉，在相亲过程中如何应对？揣着明白装糊涂吗？不过这个想法的小火苗很快被我的朋友掐灭了。

小慧是这样描述相亲的：

“就像是被明码标价的大白菜，等着被人挑选。

“过程只有尴尬和厌恶，只想赶快完成任务走人，给父母一个交代。

“在见到相亲对象的那一刻，你就知道自己在介绍人心中是什么‘货色’了。

“如果不是相亲，我都不知道原来自己生活的这个小城‘奇葩’这么多！”

听得多了，我才知道，在中国很多城市的公园里都有“相亲角”，父母把自己儿女的个人情况和照片做成小册子、海报等形式，在“相亲角”分享，遇到觉得不错的会留下联系方式，然后给自己的儿女约时间见面。

还有收视率非常高的相亲节目——《非诚勿扰》《称心如意》《中国新相亲》，等等。可是，带着父母相亲的节目，总让我看得头皮发麻，感觉更像是父母在“相亲”，往往是子女看中的对象，父母看不上，而父母中意的人选，子女没感觉。看得多了，总让我有一种错觉：这些相亲中出现的父母对挑选未来的女婿或儿媳妇说得如此头头是道，仿佛以后是父母在跟女婿或儿媳妇过日子一样。爱情这种私密的个人体验，也可以不用亲自来吗？这种感觉就像是李尚龙说的一个段子："我亲自上个卫生间。"

我们每个人都是生活在关系里的，但生命中大多数的关系，最终的指向都是"分离"，父母和子女尤其是。之前，我说过"父母和子女无法分离"，父母会有意识或无意识地控制子女，阻止和子女的分离。逼婚看起来就是一种"分离"，没什么问题啊，为什么还会有那么多的人因为父母对自己逼婚而痛苦呢？

其实，逼婚表面上看起来是"分离"，实际上还是一种操控。通过对子女婚姻的插手来影响子女的选择。如果是真的分离，应该将子女看作独立的个体，尊重子女的个人意愿，不管找什么样的人结婚，不管结婚还是不结婚，都不会插手，因为那是子女自己的事情。

那么，为什么很多父母如此热衷于逼婚呢？

最重要的一个原因是文化习惯。在中国，个人单独生活很多时候是被社会排斥的。在一个生育大过天的社会中，一个人是不完整的，家庭才是构成社会的基本单元，才会被主流认可和接纳。单身青年，尤其是大龄单身男女，会被排斥在边缘，这是集体主义文化中长久形成的一种认知。比如，有的人被迫成为单身，想结婚却没遇到合适的人，就会认为自己是不完整的。

还有一个原因是父母为了转移焦虑。我曾经就这个问题采访过很多人，他们有的单身，有的已经组建家庭，但都有过被逼婚的经历，他们有一个共同的特点：父母对于他们不结婚这件事非常焦虑，为了转移这种焦虑，就会逼婚。比如，他们的父母会说：

“我同学都当爷爷了，你看你还是单身。”

“不赶紧找对象，好的都被别人挑走了，剩下的都是歪瓜裂枣。”

“你看你同学都结婚了，就你还单着，让我和你妈多没面子！”

有很多被采访者也说过，除了父母，兄弟姐妹、七大姑、八大姨都轮番上阵逼婚，搞得自己都有“恐婚症”了。

可是仔细想想，父母焦虑的背后是什么？是自私：

因为你不结婚，让我在别人面前没面子了；

因为你不结婚，我为人父母的任务就没有完成，为了让自己不焦虑，所以得催你结婚，以尽快让我的心理得到满足。

尽管出发点是“我都是为了子女好”，但本质依旧是满足自己的私心。

除了这些，还有一个极其隐蔽的原因：只要结婚，就可以掩盖不完整。

封建社会有个习俗叫“冲喜”。比如，张爱玲创作的小说《金锁记》中，女主角曹七巧就嫁给了姜家二少爷。二少爷是个残疾人，性功能有障碍，无法像正常人一样娶妻生子，所以姜家父母就让曹七巧嫁给二少爷冲喜。

残疾二少爷与曹七巧的婚姻，就是为了“完整”而存在的。结了婚就仿佛是在说：“你看，虽然我儿子是残疾的、不完整的，但是只要结婚，就可以看上去活得和正常人一样。”用还能结婚、拥有妻子的表面完整，来掩盖儿子身体的残疾，堵住悠悠之口。

到了现代，这样的故事虽然少了很多，但是内核还是一样的，只要有婚姻，就可以被当作“正常人”对待。这样也就解释了为什么离婚人士和大龄单身青年不愿回家过年，因为怕别人议论，怕别人把自己当作“另类”看待。我甚至听到过有人说，如果一个人三四十岁还不结婚，那么他肯定有问题，要么身体有问题，要么人品有问题！仿佛婚姻是一剂可以抚平沟壑的良药，不管什么问题，只要结婚，就可以假装正常。

重新认识离婚：比起开始，结束才更需要勇气

结婚要恭喜，离婚更要恭喜，不是吗？！

因为有多少人守着已经死亡的关系，不懂得及时止损，也没办法张开双手去迎接全新的开始。

离婚比结婚更需要勇气，也更需要实力，甚至有时候，离婚是比结婚更美好的选择，因为你至少清清楚楚地知道自己不要什么。

表姐离婚后宛如重生。

小时候，我的寒暑假都是在姨妈家度过的。姨妈有两个女儿，表姐年长我 6 岁，从我有记

忆开始，表姐就是亲友里最不好惹的一个人，性格泼辣，做事雷厉风行，她的亲人但凡遭人欺负，受了委屈，她一定找上门算账。

长辈们说她太泼辣，说女孩子应该温柔一些，不然嫁不出去，可我却从小就喜欢她，喜欢她身上的“硬气”。

刚刚 20 岁，表姐就把男朋友“娶”进门了，因为她怀孕了。就这件事情来讲，如果是我，估计应该会偷偷把孩子打掉，我可没勇气跟父母坦白，因为我妈的眼神足以把我杀死 100 次！

因为表姐夫是外地人，没房没车，所以就算入赘到了姨妈家，婚房和婚礼都由姨妈家一手操办。表姐风风光光地结婚了。婚后几年，我这位表姐夫打麻将整夜不回家，还欠了赌债，并且出轨了三个女人。

一个是开书店的。他给这女的搬店，我表姐去找他，然后吵起来了，表姐夫动手打了我表姐。

一个是麻将馆老板的女儿。他成天在麻将馆打麻将，跟老板的女儿有了关系。我表姐夫给她买手机、买东西，被我表姐发现了。有意思的是，还没等我表姐出手呢，他就被那姑娘的男朋友给打了，而且从麻将馆打到了我表姐家，还砸了我表姐家的玻璃。

还有一个是表姐家的邻居。她老公承包了一个农场，常年都在农场，家里就只有她和孩子，她的孩子和我表姐的孩子在同一个幼儿园，她经常帮我表姐接孩子，两个人不知道怎么就好上了。

长久以来积累的问题，加上后来出轨证据被我表姐发现，结果表姐夫拿刀吓唬我表姐，被我表姐“反杀”，给捅了一刀，所幸伤得不严重。没几年，他们就离婚了。

离婚后，表姐就“开挂”了。她换工作进入旅游行业，做得风生水起，并且成立了自己的旅行社，版图从西部线扩展到全国线，后来还有了国外业务。我曾经问过她：到目前为止，做过最正确的决定是什么？

她只说了两个字：“离婚。”

表姐说，最可怜的时候是她离婚后搬家，准备卖掉前夫买的一些工具，原本要用这个钱租房子和当生活费，结果受骗了，一分钱没拿到！她自己带着一个孩子要养，偏偏这个时候，前夫的债主还找上门来要钱。

还好都撑过来了！离婚后，她脱胎换骨，做到了自己之前想都不敢想的事情，还在身无分文的情况下决定买一套属于自己的房子，虽然第一套房子只有 50 平方米。当年我还在上大学，表姐的女儿拉着我的手，邀请我去她家做客，她跟我说：“小姨，你来我家吧，我家可漂亮、可温馨了！”十多年过去了，我仍然对那张扬起的、红扑扑的、满是骄傲的小脸记忆犹新。

我见过很多深陷扭曲婚姻中不敢走出来的人。离婚，怎么看都不是一个被祝福的字眼。相比结婚，对有些人来讲，离婚更需要勇气，更需要强大的内心做支撑，才能熬过那些孤独黑暗的时刻。离婚，也应该被祝福，因为这意味着和过去告别，意味着一个全新的未来。

婚姻那么复杂，只有相爱是不够的。人那么复杂，我们有时候对婚姻的期待太高了，对婚姻中的另一半寄予了太多的期望：情绪、金钱、梦想。有多少人把经营好一段关系当作自己的人生梦想，但这是一个注定会落空的梦想。关系确实是需要经营的，但又是无法经营的，因为在爱情里，勤奋没用，因为人是最不可控的。

关系中的控制是怎么回事

武志红说过：控制欲是万恶之源。控制欲就是：一个人想去控制另一个人，让另一个人服从自己的意志。很多生活中的烦恼和悲剧都是因为控制而产生的。

在关系中，不由自主地想要控制别人是怎么回事呢？

在我爸妈三十年的婚姻中，有一个几十年不变导致吵架的原因，就是我爸总是将没喝完的隔夜茶倒进花盆。每次，我妈都提醒我爸不要这样做，说这样会影响花的生长，但不管我妈说多少次，我爸依旧倒进去，到后来我妈几乎就是因为这件事"咆哮"了。

他们俩之间类似这样的事情还有很多很多，都是我爸持续做一件让我妈“炸毛”的事情。他们俩的沟通更像是较劲，一个不让，一个偏要，都拗得很。看上去是我爸不听话，实际上是我妈一直试图控制我爸的行为，而我爸用行为“反抗”这种控制，用行为而非语言表达抗议。

我有一个同学，大学期间谈了一个极有控制欲的女朋友。她给我这个同学买了一双匡威的帆布鞋，可是因为有点硌脚，所以同学只穿了一次就没有再穿过了。他女朋友因此大发雷霆，觉得他不爱她。还有就是说“晚安”，她希望每天睡觉前都听到男朋友道“晚安”，即使她自己熬夜，也要在睡觉之前听男朋友跟她道“晚安”，所以我这位可怜的同学总是红着眼睛陪她熬夜。偶尔睡着了，他女朋友也要一遍一遍拨打电话把他吵醒，非要听到“晚安”才罢休，不然就会发脾气、吵架。她认为男朋友在她睡前没有道“晚安”，就是不爱她的表现。这位同学很痛苦，因为刚睡着不久被吵醒，再睡着就很困难了。这样的情况出现一次两次还好，让男朋友有种被需要的感觉，很甜蜜，可长期下来，我的这位同学苦不堪言。

上面的这个女生，用我这个同学的话来说就是比较“作”。热恋期的时候觉得很甜蜜，认为这样的行为是在乎的表现，可是时间越长，感觉越窒息，窒息到只想逃离，最后以分手告终。

我有一个闺蜜，她老公非常热衷于给她换手机。每年苹果出新款，她老公都一定会第一时间买来送给她，身边人看了都羡慕不已。可是我这位闺蜜却很困惑：手机不需要每年更换，太浪费，也很麻烦，用得顺手的手机被强行换掉其实是一件令人讨厌的事情。闺蜜表示，自己不需要每年都换手机，她老公每年都答应，可第二年照样不声不响买好新的给她，并催着她把旧的回收。去年，苹果出了新的“暗夜绿”，预售广告刚刚出现，她老公就说她该换手机了。闺蜜跟老公说，不要买新的，如果非要送礼物，比起一部手机，她更想要自己选择需要的护肤品或者直接给她一万块钱。可是她老公仍然买了一部最新的苹果手机给她。

我听了后觉得很有意思：反正都是送老婆礼物，为什么不送她想要的呢？

后来我想明白了，答案就是控制欲。当我们不由自主地想要控制别人的时候，实际上是因为控制不了自己。控制欲潜藏在我们的亲密关系当中，渗透在生活的小细节里。

通常是因为我们自己不稳定的自我和自我价值感需

要通过别人的语言和行为来得到肯定或者安慰，所以我们才想去控制别人：既然我是因为你产生这样的负面情绪的，而我自己又没有能力处理这种情绪，所以你要改变，你要接受，这样我的心情才能变好。

比如，我妈因为我爸“不听话”而发火，实际上是因为她的意志没有在我爸身上体现出来，尤其是当她认为这个意志“正确”的时候，只要我爸没有按照她的意志做，她就会怒不可遏。其实，如果我妈多问问我爸为什么非要把隔夜茶倒在花盆里，或者压根不去管，事情可能反而会朝着她预想的方向发展。更多的时候，我在自己父母的关系里体会到的是“较劲儿”，非要朝着相反的方向使劲，结果俩人都不愉快。我妈觉得自己好心被当成了驴肝肺，而我爸觉得自己的行为总被控制而压抑无比。很显然，我爸并不是为了“正确”而去做一件事，而是为了反抗我妈的控制，所以我妈指东，我爸就非要往西，即使明明知道往西会吃亏。

还有我那个男同学的女朋友，她的价值感是建立在男朋友身上的，只有男朋友做了她期待的事情，才能证明自己是被爱的。一旦男朋友的行为不符合她的预期，她就会大发脾气，各种“作”。她用各种方式“作”的目的也是为了让男朋友“听话”，将自己的意志在男朋友身上体现出来。她不是因为爱那个男同学才这样“作”的，而是在每一个男朋友身上都会如此。她的逻辑大概就是：你只有做了我认为好的事情或者对于你来说很难的事情，才能证明你是爱我的。男朋友越惨，她内心的满足感越大，因为可以证明自己的魅力。

再说我的闺蜜。手机虽然是礼物，但这个礼物的功能是满足她老公：同样是价值一万块钱的礼物，手机更能体现我对你的掌控，因为我是重度电子产品爱好者，我喜欢的东西送给了你，你也接受了，就代表我对你的控制成功了。我的意志在你的身上以手机的形式体现了出来，至于你喜欢的护肤品或者其他东西，对于我不重要。

在亲密关系中，我们不由自主地想要控制别人，是因为我们没有稳固且灵活的自我。

稳固的自我是指一个人具有非常稳定的自我价值感，不会因为外界的否认或者质疑而有所改变。

还有一个重要的概念是：灵活的自我。这一点看起来跟上面有点矛盾，但其实它们是彼此相融并且缺一不可的。灵活的自我是指你的自我概念不会僵化或者停滞不前。有着灵活自我的人，愿意不断去探索新的可能性，并且让自己不断成长。

如果我们可以活成一个稳固且灵活的自己，就不会总想要通过控制其他人来获得自我价值感，也不会因为外界的否定或拒绝而愤怒，从而可以灵活应对不同的人和情境，发展并展现一个多面的自己。

在我 20 岁出头谈恋爱的时候，男朋友有一个早就约好的聚会想要我参加，但是因为我正处于生理期第一天，感觉非常疲惫，又赶上初冬，北京的天挺冷的，所以我决定不去参加这个聚会了。虽然男朋友嘴上没说什么，可是脸却拉了下来，整个下午说话语气都很冷淡。

如果是原来的我，肯定就算再累、再不愿意也会答应陪他去。但是那天我没有，我说："亲爱的，我今天确实不舒服，想一个人在家睡一觉。不好意思，你还是一个人去吧。"在这次之前，我几乎从未缺席过他认为重要的场合。

男朋友很显然生气了。而我也不太好受。我问自己："你愿意在这么不舒服并且不想说话的情况下，去应对一大桌子朋友吗？"我心里知道我是不愿意的。"那为什么我拒绝他后，心里感觉这么不好受呢？"因为我需要男朋友不生我的气来证明自己是一个很好的女朋友。

那么，是不是男朋友因为我拒绝而生我的气，我就不是一个好人了呢？其实并不是。当我想明白，即使他再生我的气，我也并不会因此而不是一个好人时，我就放弃了要控制他的情绪、不让他生我的气的冲动。

我没有答应他参加聚会，而是进一步解释了我的情况并且希望他能够理解。当然了，他能不能理解已经不重要了，因为我知道自己是个什么样的人。

作为一个人，首先应该是一个能照顾自己的感受并且爱护自己的人，而不是一个牺牲自己的感受去满足别人的人。

这一点在所有的关系中都适用。当你不需要通过伴侣向你“吐露心声”来证明自己是一个值得信赖的人时，他不跟你说那件他小时候的创伤事件就不会让你觉得受伤；当你不需要通过别人的夸奖来证明自己作品的价值时，别人没有表达欣赏就不会让你觉得愤怒；当你不需要通过别人的感激来证明自己做一件好事的意义时，别人没有说出的那句“谢谢”就不会让你愤愤不平。

当我们有非常稳定的自我价值感时，我们就有了不去控制别人的勇气。因为我们知道，我们的自我价值不会因为别人的肯定、褒奖、支持、赞美或者安慰而得到提升，我们本身就是有价值的，不需要通过控制别人的行为来得到借来的价值感。

对未来最好的祝福
就是活在当下

对未来最好的祝福就是活在当下

在电影《无问西东》中，西南联大的一间简陋教室里，学生们正在专心致志地听课，雨声渐起，拍打在铁皮屋顶，教授不得不提高声音讲课，可是学生倾斜着身子侧耳倾听也听不清，于是教授干脆在黑板上写下“静坐听雨”四个字，和学生们一起正襟危坐，专注听雨。

每每看到这个画面，我都蓦然感动、眼角湿润，这大概就是对“活在当下”最好的注解吧。下雨是“当下”，听课是“未来”，下雨比听课重要吗？不是的，可在那一瞬间，雨声既是当下，也是到达未来的能力。

影片中的沈光耀推开窗户，窗外大雨倾盆，有蓑笠翁无惧风雨捕鱼而归，有老师带领学生雨中跑步，有阅读的儿童在屋檐下避雨。静坐听雨，滴滴雨声，声声入心。

放弃了今天，明天永远也不会来。

走老路到不了新地方

对自己真正的好，是在内心建立全新的秩序感。

以前总听到广告说，女人要对自己好一点，所以我买最新款的 LV，买最贵的粉底液，经常去吃顿好的，买双漂亮的高跟鞋，还要出国旅行……这样肤浅的快乐可以让我高兴一天、一个月，但剩下的日子就是无尽的虚无和令人头疼的账单。后来，我才发现让人高兴的方式不是“买买买”，而是知道买什么适合自己，然后买得起！

我们吃过的饭、走过的路、看过的书、爱过的人，都会变成我们气质的一部分，在言谈举止间表露出来。真正对自己好一点，就要谨慎筛选食物、衣服、朋友、恋人，这些选择就是你的环境，滋养你、塑造你，而不是消耗你。

真正的对自己好，就是重新建立自己生活的秩序感：让自己的身体、家庭、朋友、学业和事业都向阳而生，有秩序，有质量，有边界。

你用来做什么，时间就是什么；

你做了什么，生活就是什么。

一件一件用品，搭建出你的整个生活；一口一口食物，搭建出你的整个身体。它们精良，你就精良。

消费的快乐只能带来短暂的欢愉，而长期持续行动构建一个全新的自己，才是最大的快乐。

用时间和持续行动去构建，从自己的“犄角旮旯”清理，用每一个日常重建自己的“王国”。这件事情，没有人能够给你目标，除了你自己；没有人可以左右你的时间，除了你自己。

美一点，不是形式主义，是现实主义

脸蛋不是从脖子处和身体割裂的，要想发光和紧致，一是锻炼，二是保湿，三是饮食，四是作息，日复一日，十年为期。这个世界上当然有一些的确无法改变的东西，人们通常用“随缘”来面对，比如感情；但对于可以改变的，一定要试试，比如身材。

美一点，不是穿漂亮的连衣裙和高跟鞋就能达到的，除了打扮得漂亮得体，还要拥有健康的体态、整洁的牙齿、光亮的头发和紧致的皮肤。饮食、作息、健身共同作用，才能支撑起这个美丽，我们要的是看上去很美，而不是站上去很轻。

健身房、体育馆、球场、操场，甚至是自己家的卧室，都可以成为我们变得美一点的地方。别总说没时间，没时间是最大的借口，说自己连 20 分钟锻炼时间都没有的人，就像一个男人一整天都说因为太忙而没空给你打电话一样，特别禁不住推敲。

外表和性格，共同决定你的命运。

任何人的外表差异，总是先于思想、经历和教养呈现于人前，铭写于身体之上，锻炼身体当然痛苦，但比起身材走形的痛苦又算得了什么呢？

健身的同时别忘了健脑

阅读可以滋养浩然之气，让你保持思想活力，得到智慧启发。一本好书就是作者的灵魂，打开就是他的人生，我们只需要付出时间来阅读，就可以和作者的灵魂触碰。阅读是最便宜和方便的增值方式，可以为我们打开眼界，输入新的知识，提供看问题的角度。

《但是还有书籍》里有这样一句话：无论时代如何变化，深度阅读都是一件不可或缺的事情，它是人们认识生命真相、抵达世界深处的最佳路径。

阅读是一件终生不可停止的事情，因为无法预先判断何时何地何本书会参与构建你，整个历程都是一场奇遇。

就像一小时训练会体现在肌肉上，同样，一小时阅读一定会体现在大脑上。如果没有体现出来，那么可能是你误会了我说的“一小时”，我说的是“每天一小时”。

锻炼身体、阅读，任何时候都不会错，不会晚，不嫌多。

远离一切不健康的东西

爱自己，最肤浅的层次是“买买买，吃吃吃，玩玩玩”，更重要的是，培养健康规律的生活习惯，早睡早起，三餐有序。爱自己，可以从不熬夜开始。

远离身边的垃圾人。一段好的关系不是被消耗、被压榨、被否定，而是平等、尊重和互相帮助。爱自己，就要为自己选择健康向上的朋友。同行的人比风景重要，何况有时候同行的人就是风景。

远离低品位的玩。品位的最低标准是健康，不要把时间浪费在滑稽荒唐的事情上。培养健康的爱好，一个小小的爱好是自我滋养的有效手段，但不能让其成为全部目标，不然就会偏离人生本质。

远离一切让你糟糕的事情，像要求儿女一样要求自己，不想让他们做的事情，自己也不要做。

像培育植物一样培育自己

停止任何形式的自我攻击。失败了，做错事了，不自我攻击，不苛责自己，先对自己表示理解和包容，然后再寻求解决的办法，偶尔还可以挑战权威，无条件接纳自己，淡定从容，有足够高的价值感，自信，有主见。

做一个有一点“小坏”的人，为自己的利益和情感负责，敢于反抗，敢于对峙，敢于为自己发声。懂得尊重自己的欲望，找到能带给你自我认知的满足、让生命的活力得以更美妙舒展的欲望。

不失信于自己，答应自己的事一定要做到。许下的承诺，一定要尽力达成，比如，今年一定考上研究生，今年去芬兰看极光，今年阅读 30 本书，等等。这些都可以记下来，制订一个可行的计划。

为自己创造生活的仪式感，在特殊的节日（生日，升职、加薪、拿到录取通知书等日子）给自己买点喜欢的东西。生活真的需要这种小确幸，精致对待自己，你会满心欢喜，寂静美好。

为自己制订未来半年、一年、五年的计划。每周看一看，提醒自己，不要忘记梦想。不管现在的你有多么迷茫、多么失败，都不要忘记心中的梦想，把梦想拆分成小单元，每天接近一点，你就是自己生活的英雄。

不要在意年龄，年龄是一个人不前进的借口。不要让年龄捆绑和定义你自己，要做一个少年，决定自己是一个少年，决定自己不老去，持续成长，保持好奇心、求知欲。

我们都在等待生活改变，机会来临。但如果不主动改变饮食、作息、思考方法、同行的伙伴，如果不对自己的惯性痛下“杀手”，那些改变和机会就永远不会来临。

反正总要孤独，但我们应该走出很远再孤独，或者说宁可在很高的水平上孤独。走老路是到不了新地方的。对自己好一点，重新构建自己生活的秩序，你会发现“变身”这件事是会上瘾的，时间长了，你就会真的变成自己期待的自己。

为了孩子，为了家庭，终究是为了我们自己，我们更要到达绿洲，要打胜仗。

我害怕所有后悔的原因就一个字：懒。所以，我就想做一个“偏执狂”。下定决心做一个自成体系的人，为每一个需要应对的事物设计自己的体系，然后执行，然后观测结果，然后更新体系，循环往复。不在同样的问题上犯错，人生有限，要抓紧时间，在其他问题上犯错。

我一直相信：天助自助者。对自己真的好，不是放纵欲望让自己舒服：当别人玩命赚钱、拼命储蓄和投资时，你在“买买买”；当别人努力考研、苦练口语和阅读时，你在“消消乐”。不努力，不学习，没有范冰冰的脸，也没有王健林这样的爸，还期待自己被好运砸中？恕老天爷无能为力呀！

从开始到最后，都要经由自己听，自己看，自己写，自己说，本来就是谁也帮不了你，本来就是苍茫天地里的独行，既然总有人能到达，这个人为什么不能是自己呢？

我不害怕做眼下这一切，是因为害怕到不了想要的未来。

不分男女，只分强弱

困难可没工夫分辨男女，会被欺负的从来都是弱者。

———

微博收到过两封私信。

第一封来自一个男孩，他在私信中说：

老师，您好，我是看了您的抖音中关于爱情的那个视频后找到您的微博的，我非常喜欢您的观点。我认为爱情应该是纯粹的，爱情会让一个人变勇敢。我最近遇到了一件让自己痛苦的事情。我家是农村的，我从南方偏远小县城考到北京上研究生，到北京后，爱上了一个比我大 5 岁的小姐姐，她是工作后又回学校进修的，很漂亮很时尚，因为同在一个学校，所以经常接触，后来我们就在一起了。她说我很淳朴，是她没接触过的类型。我们在一起很甜蜜，我很想和她一辈子在一起，但是当我说出这个想法时，她却说我们是不可能结婚的，好好恋爱就行了，让我别想太多。

我问她为什么不能结婚，她说我们俩结婚不现实，因为她在北京有房有车，收入也很好，差不多是我之前在老家上班工资的 10 倍。虽然我现在还没能力赚钱，但是我还年轻，可以努力。她让我毕业安心回老家，说我父母在农村，没有社保，还得指望我养老，在北京买房太困难了，劝我别折腾了。

我也想过这个问题，结婚确实有房子比较好，但爱情不是更重要吗？现在女的都这么现实吗？过生日的时候，她送我一个 Gucci 的钱包，但我精心送给她的布娃娃，她却说还不如一箱卫生巾实用。现在，她已经不联系我了，我在北京的工作也没有着落。老师，难道是我错了吗？

第二封来自一个女孩，私信内容是：

汤蓓姐姐，你好，关注你很久了，我遇到了一些问题想请教你。我今年 22 岁，谈了一个 28 岁的男朋友，我们在一起一年多了，后来结婚因为彩礼问题谈崩了。当时我已经怀孕快 3 个月了，父母和他们家一直吵架，男朋友让我和他私奔，我没走。对于结婚这件事情，他们家一直不主动，其实我家的要求不高，没要房子没要车子，只要了彩礼，但是男方家还是说要求太高了，也不愿意给我买金器。

后来我妈就拉我去医院，把小孩打掉了。我一直苦苦哀求，他家人都无动于衷。男朋友还侮辱我、诋毁我，说我把实习的事情搞砸了，我真不知道我做错了什么？

因为刚刚毕业，还在实习阶段，我在工作上出了点差错，我听到同事说，女的做事情就是不如男的，加上又经常请假，可能留下的机会也没有了。

我从没想过我会打胎，我的青春和时间都给了男朋友，他不要我的话，我不知道以后该怎么办。后来，我断断续续和男朋友也有过联系，他一心让我过去找他，而不是他来找我。我真的不知道是不是自己错了？男的心都这么硬吗？我打胎他也没来看我，却一直留着我送给他的东西。这种男的会自己醒悟吗？

两封私信都是2019年夏天收到的，我看完后都不知道该说些什么。这两封私信中都问了一个类似的问题：

“女的都这么现实吗？”

“男的心都这么硬吗？”

其实本质是：不分男女，只分强弱。

看似是感情问题，只跟爱不爱有关，但在感情关系里，其实是双方在进行基于利益的模糊博弈，谁强大，谁就可以占据主动权。

第一封私信中的男孩，不管是思想还是经济能力，都比他的“小姐姐”弱很多，很显然，这段关系一开始就是失衡的。“小姐姐”看得很开，只专注当下，并如实告知男孩这一点，但是男孩想要的显然更多。在这个男孩问我“女的都这么现实吗”的时候，我其实挺想问问这个男孩，难道你不图“小姐姐”为你带来的好处吗？一个有颜、有钱、大方又能给你找工作的女孩，凭什么和你结婚呢？你没有想着去怎么奋斗、赚钱，让自己更强大，反而觉得女孩太现实？自己没能力，对方就该付出更多吗？我看这婚真要是结了，就是“精准扶贫”啊！算盘打得挺响。

第二封私信中的女孩也是同样的问题。刚刚毕业，还没有一项让自己安身立命的本领，思想不成熟，经济没独立，就草率怀孕，可不就会被别人牵着鼻子走吗？

怀孕三个月，说男方家一直不主动，那是因为男方家有筹码：“反正孩子都有了，肚子一天天大起来，着急的肯定是女方家。”再看女孩被妈妈拉去把孩子打掉，男方没人看望，也不关心女孩的身体和情绪，“我不爱你”就差写脸上了。还提到男朋友怪她弄砸工作，这个时候男朋友想的可不是你怀孕了赶紧结婚，而是你都没工作了还怀着孕，这么重的经济负担谁来承担？

私信中，她说：“我从没想过我会打胎，我的青春和时间都给了男朋友，他不要我的话，我不知道以后该怎么办。”这让我想起另一个女孩给我发的私信：“男朋友喜欢处女，可我不是，我很怕失去他，我到底该不该跟他坦白？”

她私信里蕴含的价值观是：女生是客体，是被睡的客体，我把我的青春和身体都给了你，你怎么能抛弃我呢？这是“男尊女卑”无意识的体现，把自己定位为一个“弱者”，往往因为别人的同情会更加觉得自己委屈、可怜。

每次收到这样的私信，我都怀疑是不是哪部手机穿越到了古代给我发私信！拜托，都是成年人了，跟谁恋爱，跟谁在一起或者分手，都是自己的选择，没人把刀架到你的脖子上逼着你，既然选择了，就要愿赌服输。在一起就投入享受，分开了也不要怨天尤人，谁都不欠谁的，好吧？

弱者会博得同情，但同情不会让关系逆转。想要让别人平等对待你，除了让自己强大起来，别无他法。有人会给乞丐钱，你见过有人会和乞丐结婚、合伙开公司吗？

别动不动就拿性别说事儿，这个世界只会给强者让路，给弱者添堵。

全力以赴让自己在思想、经济、能力、学识各个方面都强大起来，才是我们唯一的路。困难才没工夫分辨男女，会被欺负的从来都是弱者。

你有权拒绝

"不"是多么美妙的字眼啊!

它是自我意志;

它是内心最真实的自己;

它是我们捍卫边界的武器。

如果可以重回童年，我最想拒绝三个人：陌生大叔、好朋友和妈妈。因为童年时代我能回忆起来的恶心和痛苦，都跟不会拒绝有关。

第一个是在旱冰场摸我屁股的陌生大叔。如果可以回到那个下午，我一定会把旱冰鞋砸在他的脸上。当时我应该是 10 岁，和五六个小伙伴去旱冰场溜冰。换鞋的柜子比我高很多，当我踮着脚给服务员递鞋子的时候，感觉自己的屁股被一只手摸了一下，那种感觉，不像是无意中的触碰，因为接触时间比较长，还在我的衣服上滑动揉捏，像是把玩一个玩物，又像在发起挑衅。我瞬间感觉自己的身体僵硬、喉咙紧锁，恐惧和恶心从身体里涌上来。那时候的我隐隐约约知道自己遭遇了什么，可是却没有勇气立马转头，直到小伙伴拉着我去冰场，我才顺势回头看了一眼背后，一个脏兮兮的大叔直勾勾地盯着我坏笑，让人感觉毛骨悚然。

回家后，我就告诉了爸妈，可爸妈听后一脸平静，没有任何回应，甚至都没有追问一句。从那以后，这个事情就像是扎在我心里的一根刺，每每不经意回想起来，都有点恶心。

其实，10 岁时的我期待从父母的反馈中确认两件事情：

一、这件事情正常吗？

二、如果再遇到，我该怎么办？

由于性教育知识缺乏，再加上那是个封闭的年代，我的父母没有给我答案，直到十几年后，我才在 23 岁时给了自己答案。23 岁的我，刚刚在北京上班，每天通勤的交通工具都是地铁。那时候还没有那么多换乘站可以选择，所以从北京城北到城南我只能在国贸换乘，下班晚高峰有多挤呢？我几乎从没在第一趟地铁驶来时挤上去过！与其说是挤，不如说是被人流裹挟进车厢，从国贸到建国门，我的双脚从没沾过地，都是腾空撑到建国门，再往里挪一挪。

就在这拥挤的地铁里，我又被摸屁股了！起初我以为是谁的包因为地铁晃动碰到了我，结果一下又一下，对方可能发现我并没有什么反抗，从短暂触碰居然发展到向前触摸！我快速确认摸我的方向后，发现了一张猥琐的脸，当时的我气急了，抡起手上的皮包就朝他砸去！特别感谢首都拥挤的地铁，夹在人群中的猥琐男动弹不得，只能“享受”我密集的暴击。看我这么愤怒，猥琐男一直往门口挤，我就紧追着继续砸，一直砸到下一站。地铁门一开，猥琐男几乎是弹出去的。

当时我有多气呢？直到回家后，我的耳朵还是火辣辣的。我当时特别使劲儿，那种反抗就像是要把 10 岁时的愤怒都反击回去！那时没有做过的反抗，在我 23 岁时终于有了个了结。因为我知道了捍卫自己身体的权利是对的，懂得了反抗，也知道了在不同场合下如何反抗最有效且能保护自己。

神奇的是，从此之后，回忆起这样的事，我再也没有恶心过。或许只有了结，才能真正告别吧。也是从这里开始，我明白了，那些被性侵、被猥亵的受害者，只有看到凶手伏法，才能从阴影中走出来，重新步入生活的正轨。似乎是在那时，我也深深理解了林奕含，27 岁就结束自己生命的林奕含，没有机会向 13 岁的自己伸出手，拉一把自己，所以死亡比活着更像是一种解脱。

面对这样对身体或者精神的侵犯，每个人都有权拒绝，而不管这个人是陌生人，还是邻居、朋友，甚至是亲人和老师。

第二个想要拒绝的就是小学时的好朋友，我会在那个选拔合唱团的下午勇敢地举起手。在小学四年级的一次数学自习时，音乐老师来班里招募合唱团的成员，录制一档节目，自愿参加，只要想去都可以。当时我内心那个激动啊，马上就放下尺子、铅笔，准备举手，可这时候我的同班好朋友凑过来说："傻瓜才去呢，一定是人不够了才找我们这样的小学生当背景，要傻傻地站好几个小时呢，反正我不去，你也不会想去的，对吧？"

我心中雀跃的小火苗瞬间被浇灭了，内心充满了挣扎：我到底要不要举手呢？如果不举手，我就不能去电视台录节目了，那是我一直向往的地方；可是如果举手，我就会失去好朋友了……老师又询问了一遍还有谁愿意去，我能感觉到好朋友在盯着我看，我的手像灌满了铅，怎么也举不起来。

接着，老师清点人数，发现还需要一名女生，当再次确认没有人愿意去后，点名让我的好朋友去讲台。我转头看向她，惊诧地发现：她一脸惊喜地冲向了讲台，告诉老师，她愿意加入合唱团。

那时候我只有10岁啊！我心里那叫一个幻灭！为胆小的自己生气，为表里不一的朋友生气！在那个时刻，我暗暗下定决心：下次遇到这样的情况，一定要拒绝所谓的朋友义气，做自己想做的事情。

即使是好朋友，也要懂得拒绝，这是我10岁时学到的很重要的事情。

第三个想要拒绝的是说“好孩子就要分享”的妈妈。每一个小朋友在长大的过程中，或许都会遇到逼迫自己分享的妈妈，我也不例外。

“把洋娃娃拿出来给弟弟玩。”

“不要，那是我的。”

“你作为姐姐，怎么能这么自私？拿出来一起玩又没什么，快去，不去妈妈就不喜欢你了！好孩子要懂得分享。”

最心疼的一次，是表弟看中了我的一台玩具相机，那是我暑假和爸爸妈妈在青岛旅行时买的，“被迫分享”也就算了，表弟临回家的时候居然要求带着相机一起走，我当时那个绝望啊！我苦苦哀求，但被妈妈说不大方，最后宝贝相机还是被表弟拿走了！“被迫分享”变成了“被迫送礼物”！更可气的是，我视若珍宝的相机，还没被表弟带回家就摔碎了。

从那次之后，“分享”在我这里就不是什么好词了，只会勾起我无奈、绝望的回忆。

直到我有了女儿，我成了一个支持女儿“不分享”的妈妈。

女儿 3 岁的时候，同一个小区里有一个她的同班同学，叫维尼。女儿有时候邀请维尼来家里玩，但每次维尼一碰她的玩具，她就会立马抢过来，嘴上说着：“这是我的！”

于是，她爸爸便会要求她分享，要她体会对方的心情，设身处地为别人着想。每次她不让维尼碰她的玩具，她爸爸都会跟她说：“小朋友要学会分享。你想想看啊，你不分享给维尼玩，他会难过的。如果你去维尼家玩，他也什么都不分享给你，你是不是也会难过？”

常常是好说歹说，甚至半威胁、半强迫，女儿才愿意放手。我一回头，正好对上女儿盯着别人手中她心爱玩具的眼神，她的眼里有不舍、有担心、有期盼，跟小时候的我一模一样。

不舍的是她必须放手自己的玩具，担心的是对方会不会像她那样好好对待她的玩具，期盼的是对方赶快把玩具还给她。那种心情仿佛是母亲把手里的新生儿交给别人，又像是父亲在红毯上把女儿的手交出去。

当女儿委屈巴巴地看着我，强忍着泪水用眼神向我求助时，我决定为女儿，也为自己，“拒绝分享”。我告诉女儿，可以跟小伙伴约定玩具的归属时间，比如可以让维尼玩一分钟，一分钟到了，玩具就要还回来；还可以告诉小伙伴，哪些玩具可以一起玩，哪些玩具是他不能碰的；如果遇到不想分享的玩具，那就直接拒绝。我支持女儿“不分享”，就是在教她维护自己心爱东西的权利。

所以，别剥夺孩子“不分享”的权利！玩具是孩子的私人物品，孩子也有“不分享”的权利！请不要再拿“一起玩比较好玩”，或英文说的“Sharing is caring”来压孩子了！很多人说西方教育从小教孩子学习分享，但其实这样的观点是有偏见的！

英文的“share”用在教导孩子分享时，偏向于“take turns”——轮流，而不仅仅是把自己的东西让给别人玩！我们常常要求孩子分享，却没有注意到要轮流！孩子愿意放手，就松一口气，算是任务完成。这样的“被迫分享”让孩子只知道他的东西一去不复返了，对他有什么好处呢？愿意放手，只是因为要听妈妈的话，其实压根儿没有学会分享的意义，因为他根本没有得到分享的乐趣！几次下来，他甚至不希望请小朋友到家里来玩了！

分享教育主张的是理解孩子的心情、尊重孩子的选择，即使亲如手足，也不例外！要是弟弟想要姐姐的某样东西，我也绝对不会要求姐姐“分享”，反而是告诉弟弟：“那是姐姐的宝贝，她想要保护它，她有权利不分给你，不是每样东西都一定要分享！”

当然，我也会告诉姐姐：“如果你今天跟弟弟分享，下次他有特别的东西也就愿意跟你分享，那你们都能玩到不同的东西，也不错啊！”但是不管她最终的决定是什么，我都会尊重，也会要求弟弟尊重姐姐的决定。

当女儿不在场时，有人想要玩女儿的东西，我也会要求等女儿回来再做决定。因为我虽然是她的妈妈，但也不能替她决定，所以女儿有重要的东西都会交给我保管。这样的信任，也治愈了我自己内心的“小女孩”；我保护女儿的玩具，就像小心翼翼地守护着自己小时候的相机。

我支持她当下“不分享”，是因为我知道学会拒绝别人有多重要：维护心爱的玩具，就是维护自己的感受，维护属于自己的领地。这样有边界的孩子，才会在未来有捍卫自己的武器，也更加能体谅别人的难处。

再聪明也比不过热爱，再热爱也比不过坚毅

在我身上，聪明这件事，小时候窃喜，长大了后悔。

从聪明到擅长之间，隔着一个热爱；而从热爱到专业之间，隔着一万个坚毅。

拿朗诵这件事来说吧。小学一年级的时候，我就发现我学习拼音和文字总比同班同学快。所有带拼音的读物，我都可以不用拼读就直接念出来。二年级时，我就可以看《武则天传》（至于为什么要看这本，我自己也很迷惑）了。

可能因为阅读量比同龄人大的缘故，小学阶段我的几乎每一篇作文和日记，都会被当作范文在全班面前朗读。读就读吧，结果老师发现不得了，因为我不仅能把班上的孩子们读笑，还能把他们读哭。于是乎，清明节致敬烈士啊，教师节啊，七一建党节啊，我都会被老师派出去朗诵和演讲，我的朗诵和演讲生涯就此开始了……

有一年教师节，学校举办演讲比赛，每个班搬着小板凳排队去操场，我听到隔壁班参赛的演讲者说："听说这次二班的汤蓓又参加了！只要有她参加，我就只能是第二名了！"

当时我心里那个窃喜啊，表面上还要装作一脸平静。

那时候的我认为自己太聪明了，完全不费吹灰之力就可以拿下一个又一个"第一"。老天爷赏饭吃，给我这样的语言天赋，我干吗还要费劲学习写作和演讲呢？反正自己这么聪明，无论怎么样，都不会比别人差的。

接下来，我几乎放弃了语文的学习，但即使是这样，我也经常考第一，作文分数也常常是全班最高的。这样的暂时高分也更加剧了我的盲目自信，直到升入高中，我才发现自己彻底沦为了一个"学渣"。

不管是文化课还是参加演讲比赛，在高手林立的高中，我之前所谓的"优势"，只不过能勉强算作"会"而已。因为长期对于学习的懈怠，学习方法不会几种，坏毛病倒是有一大堆：拖延、懒惰、注意力不集中。我开始意识到，自己在学习之初所展现出来的“聪明”，已经变成了我学习路上的绊脚石；我没有好好珍惜这样的开头，反倒夜郎自大，荒废了学业，浪费了自己的宝贵时间。

在高中参加演讲比赛，我初赛就被淘汰了。在看高手们决赛时，很多选手表示自己非常热爱演讲，当他们激情澎湃地讲述自己的心路历程时，我被惊醒了：

“我的热爱是什么？”

一直以来，自己引以为傲的演讲和朗诵，到底是因为别人的认可？还是源自自己内心的热爱呢？

我开始留意自己的想法和思考过程，我必须找到自己的热爱。我发现，其实我自己对朗诵并不“感冒”，而只是迷恋站在舞台上的感觉；我发现，比起朗诵，我更喜欢演讲，因为可以表达自己的观点。我对当一个“肉喇叭”并没有兴趣，我希望的是让自己的想法可以影响到更多的人。

当我发现了这些后，就在心里画了一张蓝图：我要考上中国传媒大学，做一名专业主持人！

生活就像地图，当目标确立后，就像是在地图上输入了目的地，实现目标的路线就清晰了起来。我开始增大阅读量，尽可能多地参加比赛，想要把自己的热爱变成专业。真正热爱一件事情的时候，在别人看来的苦难都变成了享受，因为投入而获得的心流体验，会让幸福感飙升。因为热爱，幸福只是投入的副产品而已。

可是很快我就发现，想要变成一个领域的专业人士，只有热爱是远远不够的。再热爱的事情，重复的次数太多，也会让人失去热情。人都是有惰性的，在学习的过程中，睡觉比练声“香”，发呆比背稿“香”，火锅比音色“香”，我以为打败我的是专业难度，但其实打败我的从来都是自己的懒惰。

从热爱到专业，需要的是坚毅。坚毅是对长期目标的热情和坚持。坚毅就是持久力；坚毅和你的未来紧密相连；坚毅是日复一日、年复一年的，不是持续几个星期，持续几个月，而是持续很多年的真正的不懈努力，将你所想的未来变成现实；坚毅是一种生活状态，像一场马拉松，而非短跑。

有天赋，并不能让我拥有坚毅。我发现很多才华横溢的人，都是靠长期坚持才实现自己目标的。坚毅与天赋无关，甚至是负相关。大多数人被天赋误导了，盲目相信天赋对人的作用。

认识到这一点，最大的好处就是：我放弃了侥幸心理，将自己当作一个平平无奇的“笨鸟”，踏踏实实练声、背稿、积累观点。从考上传媒大学到如愿成为一名主持人，我都认为，最大的功劳是坚毅。

有一句话叫“所有的看起来毫不费力，都是背地里用尽全力”，还有一句话叫“台上一分钟，台下十年功”，这几句话所要表达的，大概都是坚毅。

知道坚毅重要是真的，但的确难做到也是真的。这和“懂得很多道理，依旧过不好这一生”是一个道理。

到目前为止，培养坚毅最好的方法就是应用“成长型思维模式”，这个理念是由斯坦福大学的卡罗尔·德维克基于“学习能力不是固定的，它可以通过你的努力而改变”的观点而提出的。

当一个孩子在学习时，如果家长夸奖“哇，你真努力！认真听课并把作业全部做对了”，就是在他的培养成长型思维模式。教育孩子要坚持下去解决难题，靠自己努力获得成长，那么他们在应对挑战、失败时，就更有可能坚持下去，因为他们认为失败并不是永恒的。因此，成长型思维模式是培养坚毅的伟大理念。

坚毅没有终点。坚毅成就“天才”，坚毅让人持续将能量落实成行动。

真的有年龄红利吗

有一次采访，我被嘉宾问道：“如果给你一部时光机，你愿意回到自己的 18 岁吗？”

我不愿意。

因为 18 岁的汤蓓完全不知道自己想要什么，我好不容易才拥有了一颗不会被随便摧毁的心，我才不要回到过去，因为更好的都在未来呢。

“少女”这个词好像一直都和我没什么缘分，因为我天生就和“少女”气质绝缘，即使在我胶原蛋白爆棚的少女时代，到哪里都总有人叫我“师姐”！到了 30 岁的时候，才有人用“少女感”来称赞我，但每每听到这个词，心里总有点小小的悲凉，

女性的魅力应该不只有“少女感”这一种吧？目前主流喜欢的女性魅力通常是人们挂在嘴边的“少女感”，像小女生一样可爱甜美或者清丽可人，但凡有一些年纪却保养有道的女性，只要容貌保持青春，便可被称作拥有“少女感”。

电视剧《如懿传》开播后，周迅被网友吐槽没有“少女感”。放在 20 年前，刘晓庆版的武则天从 18 岁演到了 80 岁，不也照样看？为什么 20 年后，女明星只要过了 30 岁，就无戏可拍？甚至要去演同龄男明星的“妈妈”？时代进步了，审美却日益趋同。影视作品中，要么是嫩到可以掐出水来的“傻白甜”，要么是强势刁钻的妈妈、婆婆，中流砥柱的“轻熟女”的空间好像越来越狭窄了。

同样，作为一个主持人，当我进入到 30 岁这个自认为状态最好的年龄时，面对的是被市场淘汰的残酷境遇！尤其是综艺主持，不管去哪个平台，都需要青春活泼的邻家妹妹，蹦蹦跳跳，放得开，又会撒娇卖萌，这么一比，不用制片人开口，我自己都觉得格格不入，一期节目下来，“尴尬癌”都要犯了。新闻主播也面临这样的问题，我所认识的新闻主播几乎都在 35 左右就“被迫”走下了主播台，要么转型做编导、制片人，要么开培训班教别人说话。

在我 30 岁重回校园学习时，班上没有比我小的女生，我自认为自己是“当打之年”，在工作几年后明晰了自己的职业规划，比之前更清晰自己的目标，也更有热情投入到喜欢的专业中，却被一个女孩抨击“这么大岁数了，赶紧回家管孩子吧！”客气一点的，会惊叹“天啊，你都这么大了，还考研？”要知道，在欧洲，坐在大学课堂里的四五十岁的中年人比比皆是。我不认为自己有什么问题，也困惑于比我年轻一点的女孩子到底在优越和惊叹什么？尤其是那些拿着别人年龄冷嘲热冷的年轻女生，在讽刺别人人老珠黄的时候别忘了，自己也会有人老珠黄的一天，你也有妈妈，你也会变老！攻击别人的年龄，真的弱爆了。

到现在，我都还记得在大学校园里看到的最美的两个画面：

2012 年的北京大学二教，我每周五晚上会去蹭课。在校园里，曾经看到一个头发花白的伯伯牵着一只狗散步，到了二教门口，老伯伯把狗拴在门口，走进教室去上课。巧的是，我们在同一个课堂，因为学生人数多，老伯伯就在阶梯教室的过道席地而坐。整整两个小时，这个头发花白的背影都是那堂课最美的风景。至今我都记得，那堂课是香港中文大学的一位教授讲实验戏剧。

还有一次是 2018 年的暑假，在中国人民大学，我陪同学上论文写作课。能容纳一百多人的教室里，一半都是趁着假期来进修的中年人，他们中一些人的同桌非常特别：自己的孩子。因为孩子们放暑假了，所以只能带来一起上课：大一点的小学生，安静地坐在爸爸妈妈的身边写作业；还没上学的幼儿园小朋友，就拿着画笔在草稿纸上画画，想上厕所的时候，就轻轻拉拉妈妈的衣角；甚至还有看起来才两三岁的孩子，睡在两把椅子拼成的“小床”上，鼻头微微冒汗，鼾声均匀，听课的妈妈在做笔记的时候时不时会看看宝宝，脸上写满了踏实。我看着教室里高高低低的背影，心里满是感动和充实。

这些动人的画面，是我特别珍贵的精神财富，我没有和他们中的一个人交谈过，但是这些画面，却变成了我持续学习的源源不断的动力。

年龄真的有红利吗？我不知道，但这些背影或许会对我们有所启发。年龄虽然是“皮囊”的敌人，却是灵魂的朋友，它让人知道自己是谁、要去哪里，也让人笃定和自信。幼稚的人费尽心思与时间为敌，而优雅的人则让时间成为自己成长的加速器。

我今年带的艺考生中的一个男孩问我：中国主持人和美国主持人有什么区别？我没有做过太深入的研究对比，不过肉眼可见的是：美国主持人普遍年龄偏大且“常青”，我喜欢的艾伦·德詹尼丝（Ellen DeGeneres）、奥普拉·温弗瑞（Oprah Winfrey）都是；再看我们的荧幕上，几乎全是年轻主持人。我不否认，年轻靓丽确实养眼，但是除了青春漂亮，其他魅力就不值一提了吗？这种被广泛接受的审美实际上成了困住女性的框架。

在我看来，18 岁的明亮青春是在文学作品、影视剧中的，作者笔下的青春是经过美化的，导演镜头里的青春是加了滤镜的，而在现实中，像我这样的普通人的少女时代，彷徨又迷茫，敏感又自卑，什么都想要对抗，却什么都无力对抗，在花儿一样的年纪，活得干瘪迷茫，除了年轻，仿佛什么都没有！就算有了时光机能回去，又能干什么呢？

青春不是年龄，而是内心的状态。那种清晰的笃定、充实的温暖、踏实的状态，只有时间可以给我，让我从犹豫、怯懦的小女孩一步一步变得坚定、有力。年龄并不是生命中的绊脚石，而是礼物啊！我们的阅历、经验、见识，会在生命中画下更深的刻度。

无论多少岁，一个人的高光时刻，就在于他爱自己的当下。

你拥有的，就是你想要的

你的人生，就是你一次次主动选择的结果。

我有一个老同学，我叫他“不想要先生”。他特别喜欢找我聊天，准确来说应该是“诉苦”，我们“八百年”不联系一回，但每次和他聊天，他都半死不活的，次数多了，我就对他“敬而远之”了。为什么呢？因为他的人生到今天，他认为所有的“错误”都是因为“别人”造成的、他的人生并不是他想要的。

婚姻不是他想要的。年少求学的时候，他曾遇到过几个情投意合的女孩，每次领回家见父母，父母都以各种理由拒绝，横竖就是看不上，他拗不过父母，都放弃了。一转眼就到了 26 岁，他一直形单影只，没有恋爱，这下父母着急了，开始托人各种介绍。他开始了频繁相亲。在众多相亲的女孩中，有一个女孩对他一见钟情，可是他却没有任何感觉，嫌弃女孩又丑又土，但因为双方父母认识，所以他没有冷冰冰地拒绝，只是不怎么搭理女孩。怎奈女孩对他穷追不舍，又是做饼干又是洗衣服的，父母也开始来劝他别错过，感情可以慢慢培养，别到最后没人要了。就这么不冷不热地僵持了半年，最后他答应试试看，然后没多久就结婚了。婚礼和婚房都是父母和女孩操办的，他照样每天出去疯玩。婚礼前，他对父母说："你们让我结婚，这下终于要结了，我的任务完成了吧？"老父亲听到儿子这么说，脸都气歪了。

刚刚结婚，父母就开始"催生"了。是的，他不想要孩子，他觉得他还没长大呢，也没有玩够，所以不想生孩子。父母拿"不孝有三，无后为大"来压他，老婆呢，觉得本来结婚就勉勉强强，必须得有个孩子拴住他的心，也使出浑身解数想生个孩子，但他不乐意，觉得晚一点要也没什么，生孩子责任重大，可不是填一双碗筷那么简单。我以为他可以坚持一下，谁知道，现在二胎都两岁了。他母亲帮忙带两个孩子，有时顾不上会数落他不管孩子，但他却说："孩子是你们非逼我生的，又不是我想要的，婚也结了，孩子也生了，你们满意了吧？"

老母亲被这番话气得直掉眼泪。

在工作上，他接了父亲的班，每天上班都浑浑噩噩，数着钟表熬下班；他的房是父母买的，装修风格不是他想要的；车也是父亲挑的，款式不是他想要的。他说："我的人生像被人绑架了一样，从工作到婚姻都不是我想要的，活着就像是完成任务似的，太苦了！"

和他认识十几年，这一路看过来，其实他所拥有的一切都是他想要的。不看他说了什么，而是看他做了什么：妥协，接受，一再妥协，继续接受。如果真的不想要，总会反抗吧？

我曾经读到过"吸引力法则"，对此深有体会：我们的生活会朝着我们期待的方向发展。当我告诉他时，他一脸不高兴："难道我所拥有的不幸婚姻和糟糕人生都是我想要的吗？难道这些痛苦是我想要的吗？"

不好意思，确实是这样的："不想要先生"的不幸婚姻就是他想要的，因为是他当初的选择，屈从于父母的压力，屈从于女方的催逼，屈从于内心的不坚定，屈从于自己对未来的没信心。

"吸引力法则"讲的是：如果你想要一段幸福的婚姻生活，你是可以得到的；如果你最终没有得到它，那是因为你想要的意愿不够强烈。

我之前在抖音上收到过一封私信，一个网友问我："想改变自己，让自己变得更好，可总是坚持不下去，请问汤老师，这是为什么呢？"我用一条短视频回复了他："想改变自己却又坚持不下去，就是因为你自己不想改变啊！如果你发自内心地想改变一件事情，任何借口都不是借口。"

很有趣的是，只有两句话的短视频，上传后没多久就收到了 12 万条点赞，播放量超过百万。其中一位网友给我的留言是：您知道得太多了。

你越强烈害怕什么，大概率上也会离你所害怕的事情越远。经常有学生问我：为什么当初要参加艺考？为什么一定要来北京上学？为什么要一直创造机会去不断学习？看着他们满怀期待的眼神，等着一个曲折动人的励志故事从我的嘴巴里娓娓道来时，我的答案却让他们难以置信：因为恐惧。

我从小学起就清楚地知道，如果我不想过奶奶、妈妈、姐姐那样的人生，就必须让自己变得强大且富有。我想自己选择想要的生活，而不是生活塞给我什么，我就必须咽下去什么。有的人每天是被梦想叫醒的，有的人是被自己"帅"醒的，有的人是被闹钟吵醒的，而我，是被恐惧推着前进的，害怕没有自主选择自己人生的权利。

因为恐惧不能自己选择专业，我高三抗争一年得到艺考的机会，最终上了喜欢的大学，念了喜欢的专业；

因为恐惧早早嫁人生子，所以我拼命留在北京，不让自己置身于早婚早育的氛围之中，为自己争取更多的时间去成长；

因为恐惧失业、恐惧没钱，从上班第一天起，我就逼自己利用休闲时间多学一项技能、多考一个学位，让自己不会丧失竞争力，国家二级心理咨询师、第二学位，都是我利用工作空档考取的。

是恐惧，让我一点一点地有了掌控自己生活的能力。即使目前没有财务自由，但我心里有一种踏实的安全感。因为我知道自己会什么，能做什么，到哪里都有饿不死的“手艺”，我内心的恐惧才稍微缓和了一点。

无论是正面的吸引力法则，还是反面的吸引力法则，讲的其实是同一个道理：存在先于本质。你的人生在于你自己的选择。并没有什么与生俱来的本质，一个人的存在状态就是他一次次主动选择的结果。

你所拥有的，就是你想要的。怨天尤人就是“打脸”，“打脸”的事还是少干，留着力气去做出改变吧！

自我竞争，是与自己最好的合作

我曾七次鄙视自己的灵魂：

第一次，当他本可进取，却故作谦卑；

第二次，当他空虚时，用爱欲填充；

第三次，在困难和容易之间，他选择了容易；

第四次，他犯了错，却借由别人也会犯错来宽慰自己；

第五次，他自由软弱，却把它认为是生命的坚韧；

第六次，当他鄙夷一张丑恶嘴脸时，却不知那正是自己面具中的一副；

第七次，他置身于生活的污泥之中，虽不甘心，却又畏首畏尾。

——卡里·纪伯伦

———

自我竞争，也就是赢得你的“内在比赛”，这个概念是美国人提摩西·加尔韦提出来的。他曾经是一名网球教练。他在网球比赛中发现：一个人能否赢得比赛，除了外在的技术，更重要的是这个人的“内在比赛”，也就是说，比赛中的人是如何感知比赛的。最好的内在状态就是：专注于当下。

看了前面的内容，大家都知道我一直以来的梦想就是做一名优秀的主持人。但想要实现这个梦想，需要很多能力，不但要有很强的记忆力、非常好的亲和力、宽广的知识面，还要举止得体、声音好听，最重要的是还要有随机应变的能力。为了锻炼这些能力，我做了很多尝试：主持晚会、参演音乐剧、参加辩论赛，每天还去练声，以改善我的语音面貌。

终于，我得到了一次梦寐以求的机会——主持一场我很喜欢的一个歌手的歌友会，这个歌手叫乔任梁。当年的歌友会，我第一次出场是在红毯仪式上，为了那个开场，我连续背了好几天串词，希望自己做好充分的准备。可是，当我穿着定制的礼服、漂亮的高跟鞋站在红毯上的时候，我居然忘词了！

当时，我大脑一片空白，双手发凉，脚底板冒着冷气，一个人孤零零地站在红毯上傻笑。那一刻，我真是绝望得要死掉了！初出茅庐的我完全不知道应该怎么应对这种情况：

“我的天哪！乔任梁走过来了怎么办？这么多粉丝看着呢！好尴尬！主办方会怎么看我？居然请了这么不专业的主持人过来？认真准备了这么多天，好不容易才有的机会，难道就这样搞砸了吗？就这么点词儿，居然还在关键的时候给忘掉了！”

时间一分一秒地过去，摄像老师已经给我打手势了……我深呼吸，放缓了自己的节奏，放空大脑，然后就拿起话筒，张嘴开始说。

当我把长达十分钟的开场词说完以后，场下的掌声把我的意识拉回了现实。我机械地走到后台，工作人员跟我说：“你发挥得太好了！你刚才说的这个串词是新准备的吗？比我们之前准备的还要好。”

其实，我都不知道我刚才那十分钟讲了什么。在节目结束以后，我去调看了录像才发现：其实我是迫于情势，在无意中使用了“专注当下”这个原理！我之所以能够完成这一次红毯主持，是因为我及时扫除了心里的杂念，卸下了心理负担和偶像包袱，专注于当时红毯的实际情况。因为准备工作做得比较扎实，即使是在忘词的情况下，我也能依据本能反应完成主持，把之前准备的串词当成材料加工进我的即兴主持中。

从这一次的忘词事件中，我发现，所谓的“自我竞争”，就是和自己的“心理包袱”比赛，如果能赢过恐惧、怯懦和怕被别人嘲笑的心，不管外部环境有没有对手，都能使自己进步。

有了主持乔任梁歌友会的经验，我对人物采访多了一份底气。接着，我很顺利地采访了陈坤、秦岚、伊能静、徐帆、熊黛林等艺人，每一次都在非常轻松愉悦的氛围中完成了节目。

那时候的我刚刚大学毕业，心想做一个访谈主持人也没那么难嘛，就是聊聊天而已，加上工作人员跟我说：“我觉得你根本就不像一个新主持人，你很成熟，经验很丰富。”那时候，我到底还是太年轻，把人家鼓励的话当作肯定，一直沾沾自喜。

直到我碰到了香港某男星。

正式开始前不可以交谈，化妆间不接受聊天，最恐怖的是，不管我问什么，他的回答永远不超过 5 个字：

“不知道”“是”“差不多”“哦”……

几个小时下来，我居然连有一句完整话的素材都没采到。这个时候，我才意识到，原来一个好的访谈主持人是要让你对面的这个人有倾诉欲的。之前我能成功采访那些明星、顺利完成节目并不是因为我的个人能力，也不是因为我做得好，而是因为他们本身就非常有表达欲，非常会聊天，他们跟我聊他们看的书、他们演的电影、他们做过的节目……

而我，因为运气好，成功做了几个访谈，就把自己身上隐藏的缺点忽视了，只追求节目的完成，而没有对自己提出更高的要求。

接下来的任务是采访演员梁家辉。在采访之前，我做了非常充分的准备，查阅了网上关于他的所有资料，看了他近十年的每一部电影。但当我到达现场的时候，又出现了一个让我很吃惊的情况：他太配合了！但是，他在现场的表演和流程与我们之前设计的完全不一样，我之前准备的串词和提问，在当天的拍摄中完全用不上。

怎么办？

我干脆把准备的几页稿子扔到一边，坐在现场观察他的每一个细节，记录他和工作人员互动的每一句话，去看荧幕之下的梁家辉到底是什么样子。之前在荧幕上看到的明星，都是有团队包装的“人设”。当我真的在现场近距离接触他的时候，我发现，他并不是荧幕上看上去的那样。于是，我放下心中对他的所有期待和设计，依照他在现场的反应，自然而然地与他互动，完成了一次非常有意思的采访。

梁家辉带给我的收获很大：一个人在专注于当下的时候，还要敢于清零，不被经验束缚。当你一次又一次与自己竞争并赢得“内在比赛”，你就完成了一次又一次与自己的合作——你和你内在的自己合作，造就了一个更好的自己。

我在工作中遇到过一位“贵人”，他是华语流行歌手，同时还是演员和主持人。他让我在最初工作的时候，重新建立了认知。很多人都很喜欢他，我也不例外，从他的第一张专辑《壁虎漫步》到《24 个比利》，我都如数家珍。在采访他之前，我做过很多预想和设计，但是总结之前的采访经验后我觉得，还是要专注于现场嘉宾真实的人去做访问，所以我查阅好资料，打算不做那么多的设计，让自己充分地流动在他的感受中做一次尝试，逼自己一把。

然后呢，用现在的话来说，“爆款”产生了。这期节目，应该是我们当时点击率最高的一期。在综艺节目讨论会上，经常会把这期节目作为范本学习。后来，我仔细总结了一下：当年的微综艺本就不多，大多是一问一答的形式，一般都是基于事先准备好的问题展开采访的，采访者和被采访者并没有擦出火花，所以节目效果大多四平八稳，而我当时把侧重点放在互动上，留意他的细节，从“现在”找切入点开始交谈，少了官方客套，反而更容易让谈话氛围轻松活跃。当我专注于他这个人，而不是那些准备好的问题时，他因为我的倾听而更加有交流意愿。我没有对他进行任何预设，而是完全把自己放置在他的气场中，随着他的感受流动，随着他的情绪跌宕起伏，从而完成了一次酣畅淋漓的对话。

在采访他的过程中，有两个细节让我特别感动：

第一个是刚刚开始采访，我的动作幅度太大，一把椅子挡在了我身后，他在工作人员都没发现的时候，迅速把我身后的椅子挪开！从头到尾，自然流畅，就像这是他本该负责的事情一样，然后装作什么都没发生的样子，继续和我互动；

第二个是结尾的时候，我说完结束词后，他对着镜头，请观众多多关注我这位新人主持！我能明显感觉到他很理解新人的处境，在镜头前为新人争取更多的关注。其实，他完全不用这样做，一个小主持的发展如何，对已经成名的他来讲，有什么意义呢？但他还是做了，像为我“拉票”一样！一档搞笑的综艺节目，最后我居然有点哽咽。

那时候的我，还只是一个刚刚毕业不久的新人，每天的工作内容中，最多的是被经纪人拒绝，被保镖阻拦，为艺人的不配合掉眼泪，为采不到素材而焦虑……见过太多耍大牌的艺人，也见过太多脾气比名气大的艺人。在日复一日的采访中，我也学会了厚着脸皮、穷追不舍地抢素材，但是他让我学会了“不忘初心”：他并没有因为成名而放松自己待人接物的标准，也并没有因为分工不同而对工作人员区别对待。无论名气多大、成就多大，他都不曾放松自己的“内在比赛”，而是做一个真正让自我欣赏的人。

其实，自我竞争，就是把人生做成一道减法题，当年龄增加、财富增长、名气变大、成就变多时，还能丢掉包袱、放下面子，冲破年龄限制，更新以往的经验，敢于清零，以全新的姿态和自己合作，并再次出发。

图书在版编目（CIP）数据

走老路到不了新地方 / 汤蓓著. -- 北京 : 电子工业出版社, 2020.6 (2025.8重印)

ISBN 978-7-121-39004-3

Ⅰ. ①走… Ⅱ. ①汤… Ⅲ. ①人生哲学一通俗读物 Ⅳ. ①B821-49

中国版本图书馆CIP数据核字(2020)第077128号

责任编辑：牛晓丽
印　　刷：北京盛通印刷股份有限公司
装　　订：北京盛通印刷股份有限公司
出版发行：电子工业出版社
　　　　　北京市海淀区万寿路 173 信箱　　邮编　100036
开　　本：880×1 230　1/32　印张：6.75　字数：130 千字
版　　次：2020 年 6 月第 1 版
印　　次：2025 年 8 月第 2 次印刷
定　　价：58.00 元

凡所购买电子工业出版社图书有缺损问题，请向购买书店调换。若书店售缺，请与本社发行部联系，联系及邮购电话：(010)88254888，88258888。

质量投诉请发邮件至 zlts@phei.com.cn，盗版侵权举报请发邮件至 dbqq@phei.com.cn。

本书咨询联系方式：1069038421（QQ）。